わかりやすい
情報交換工学

村上泰司 著

森北出版株式会社

● 本書のサポート情報を当社Webサイトに掲載する場合があります．下記のURLにアクセスし，サポートの案内をご覧ください．

https://www.morikita.co.jp/support/

● 本書の内容に関するご質問は，森北出版 出版部「(書名を明記)」係宛に書面にて，もしくは下記のe-mailアドレスまでお願いします．なお，電話でのご質問には応じかねますので，あらかじめご了承ください．

editor@morikita.co.jp

● 本書により得られた情報の使用から生じるいかなる損害についても，当社および本書の著者は責任を負わないものとします．

■ 本書に記載している製品名，商標および登録商標は，各権利者に帰属します．

■ 本書を無断で複写複製（電子化を含む）することは，著作権法上での例外を除き，禁じられています．複写される場合は，そのつど事前に（一社）出版者著作権管理機構（電話03-5244-5088, FAX03-5244-5089, e-mail：info@jcopy.or.jp）の許諾を得てください．また本書を代行業者等の第三者に依頼してスキャンやデジタル化することは，たとえ個人や家庭内での利用であっても一切認められておりません．

まえがき

　2004年11月に，NTTが次世代情報通信ネットワーク（NGN: Next Generation Network）の構築とその展開を発表した．これは，回線交換技術を利用した既存の電話ネットワークから，IP（internet protocol）技術を基盤としたネットワークに移行する構想である．その前後において，2004年6月に英国のBT（British Telecom）が，2005年6月にはKDDIが同様な構想を発表した．IPには，もともとコンピュータ間通信で使われているパケット交換技術が利用されており，回線交換とは原理が異なる．ということは，21世紀に入り，通信分野の基礎はコンピュータ技術に移行したわけである．

　長年通信分野での研究開発に携わってきた人々は，たぶんこの変化を複雑な思いでみていたことであろう．20世紀末には，ISDN（サービス統合ディジタルネットワーク）がまさにこのNGNの立場に立っていて，活発な研究開発が行われていたからである．ISDNは，回線交換技術から出発して，その欠点を克服するATM（非同期転送モード）交換という新しい技術を利用することとなっていた．

　米国のオバマ大統領は，2009年1月20日の就任演説で"patchwork heritage"（ツギハギだらけの遺産）という言葉により，民族・人種・宗教など出身の異なる人々が協調して国家を運営していくことを提案した．国家建設からの長い歴史の中では，これら出身の違いにより対立することや，地位の交代を余儀なくされることもあったが，その違いを特長として生かし，協調していくことが国家の運営に必要であることを述べている．情報通信ネットワークにおいても同様に，何もない砂漠に一夜にしてできたものではなく，電話の発明からいままでの150年間にわたる技術蓄積により今日の姿を形成している．ネットワークは，過去からの遺産といわれるものをツギハギして，世界規模のシステムとしている．新しいシステムの中に，古い技術と新しい技術とがそれぞれの特長を生かした形で利用されているのである．

　この本では，情報通信ネットワークの基本となる交換方式に関して，いままでに開発されたさまざまな技術を同列に解説する．この本を読むことによって交換方式に新旧はなく，過去の技術が新しい場面で活躍していることがわかってくるであろう．

　この本の目的は，つぎの二つである．

(1) 大学3年程度の専門的学力をもち，情報通信分野への将来進路を明確にしている学生や，すでにこの分野で活躍している社会人を対象に，情報交換工学を学ぶための教材を提供する．
(2) 全光ネットワーク，光パケット交換機など，情報通信分野での研究開発を志す学生，社会人に，その基礎的知識を提供する．

また，内容について，工夫した点はつぎのとおりである．
(1) すでに利用されている技術については，最新の内容を盛り込んだ．
(2) 動作原理の説明を中心にして，実機や実装での内容については最小限の説明とした．
(3) 定量的な把握により理解が深められるように，数値例を多く紹介して，章末問題で理解の確認ができるようにした．
(4) トラヒック理論，待ち行列理論，および信頼性理論では，情報通信分野では必須と思われる内容のみを，高校程度の数学知識によって理解できるようにやさしく説明した．

著者は，大学3年生を対象に本書の目的にそった講義を数年間行ってきた．講義内容は，この本の1/3程度であるが，回線交換，パケット交換，ATM交換，トラヒック理論，ネットワークの信頼性と幅が広い．それらはこの分野では基礎的な知識にもかかわらず，講義にあたり適当な教材が不足していることに苦慮していた．ここに，提供できることを幸いに思います．

2009年5月

著　　者

目　次

第1章　交換方式の歴史　　1
1.1　情報通信ネットワークの発展 …………………………………………… 1
1.2　交換方式の分類 …………………………………………………………… 3
1.3　回線交換技術 ……………………………………………………………… 4
　　1.3.1　ステップ・バイ・ステップ交換機　4
　　1.3.2　クロスバー交換機　6　　　1.3.3　電子交換（SPC交換）機　7
　　1.3.4　ディジタル交換機　9
1.4　パケット交換技術 ………………………………………………………… 10
　　1.4.1　コンピュータネットワークの登場　11
　　1.4.2　ルータとスイッチ　12　　　1.4.3　ATM交換機　14
　　1.4.4　NGN（次世代情報通信ネットワーク）　16
章末問題 ………………………………………………………………………… 20

第2章　回線交換技術　　22
2.1　回線交換ネットワークの構成 …………………………………………… 22
　　2.1.1　ネットワーク階層　22
　　2.1.2　転送ネットワークと制御ネットワーク　24
2.2　電話交換機 ………………………………………………………………… 26
　　2.2.1　役割と機能　26　　　2.2.2　加入者交換機の構成　27
2.3　空間分割スイッチ ………………………………………………………… 28
　　2.3.1　リンク構成と内部閉塞　29　　2.3.2　多段リンク構成　30
　　2.3.3　非閉塞3段リンク構成　33　　2.3.4　チャネルグラフ　35
2.4　時分割スイッチ …………………………………………………………… 36
　　2.4.1　音声信号のディジタル化　37　2.4.2　時間スイッチ　38
　　2.4.3　空間スイッチ　40　　　　　2.4.4　多段スイッチ　41
章末問題 ………………………………………………………………………… 43

第3章　パケット交換技術　　44

3.1　IPネットワーク ……………………………………………………………… 44
　　3.1.1　TCP/IP　45　　　　　　3.1.2　ネットワーク構造　51
3.2　IP電話 ………………………………………………………………………… 53
　　3.2.1　呼制御　54　　　　　　3.2.2　音声パケット転送　58
3.3　高速ルータの構成 …………………………………………………………… 59
　　3.3.1　基本構成　60
　　3.3.2　入力待ち行列形と出力待ち行列形　61
　　3.3.3　共有媒体（バス）形　65　　3.3.4　共有メモリ形　66
　　3.3.5　格子バッファ形　67　　　3.3.6　入力待ち行列形　67
　　3.3.7　自己ルーチング形　69
章末問題 ……………………………………………………………………………… 72

第4章　トラヒック理論　　74

4.1　トラヒック理論の役割 ……………………………………………………… 74
　　4.1.1　トラヒックとは　74
　　4.1.2　通信トラヒック理論の目的　76
4.2　呼と呼量 ……………………………………………………………………… 77
　　4.2.1　呼量の計算　77　　　　4.2.2　呼量の性質　80
4.3　呼の生起と終了 ……………………………………………………………… 82
　　4.3.1　マルコフ過程　82　　　4.3.2　呼の生起　83
　　4.3.3　呼の終了　86
4.4　トラヒックモデルの定義 …………………………………………………… 87
4.5　即時式マルコフモデル M/M/s/s …………………………………………… 90
　　4.5.1　アーラン分布　90　　　4.5.2　呼損率　92
　　4.5.3　回線能率　95
章末問題 ……………………………………………………………………………… 96

第5章　基本的な待ち行列理論　　98

5.1　トラヒック理論と待ち行列理論 …………………………………………… 98
5.2　リトルの公式 ………………………………………………………………… 99

5.2.1　公式の説明　99
　　5.2.2　損失のあるシステムへの適用　102
5.3　M/M/1/∞ ……………………………………………………………… 104
5.4　M/M/s/K ……………………………………………………………… 107
5.5　形態比較 ………………………………………………………………… 114
　　5.5.1　無限長待ち行列システム　114　　5.5.2　有限長待ち行列システム　116
章末問題 ………………………………………………………………………… 119

第6章　一般的な待ち行列理論　　　　　　　　　　　　　　　　121

6.1　M/G/1 システムと隠れマルコフ連鎖法 …………………………… 121
　　6.1.1　期待値と分散　122　　6.1.2　隠れマルコフ連鎖法　123
6.2　到着過程法 ……………………………………………………………… 124
　　6.2.1　待ち行列時間の期待値　124　　6.2.2　平均残余サービス時間　126
6.3　退出過程法 ……………………………………………………………… 128
　　6.3.1　平均システム内残り客数　128
　　6.3.2　ポラツェック・ヒンキンの公式　131
6.4　優先権付き待ち行列システム ………………………………………… 133
　　6.4.1　システム概要　133　　6.4.2　M/G/1 非割り込み形　134
　　6.4.3　M/G/1 割り込み継続形　138
章末問題 ………………………………………………………………………… 140

第7章　システム信頼性理論　　　　　　　　　　　　　　　　　　142

7.1　信頼度関数と故障率関数 ……………………………………………… 142
7.2　信頼性の尺度 …………………………………………………………… 145
　　7.2.1　バスタブ曲線と稼働率　145　　7.2.2　故障率　147
7.3　直列系と並列系 ………………………………………………………… 149
7.4　ネットワークの信頼性 ………………………………………………… 152
章末問題 ………………………………………………………………………… 155

第8章　光パケット交換技術　　　　　　　　　　　　　　　　　　157

8.1　光 IP ネットワーク …………………………………………………… 157
　　8.1.1　光ネットワークの進展　157

8.1.2　光IPネットワークにおけるパケット転送　159
8.2　光パケット交換機の基本構成 …………………………………………… 163
8.3　光ファイバ通信技術の進展 ……………………………………………… 165
　8.3.1　波長多重光ファイバ通信システム　165
　8.3.2　AWG　166　　　　　　　　8.3.3　光分岐回路　168
　8.3.4　光スイッチ　169　　　　　　8.3.5　光波長変換器　170
8.4　光パケット交換機 ………………………………………………………… 171
　8.4.1　KEOPSデザイン　172　　　8.4.2　WASPNETデザイン　173
　8.4.3　非同期可変長光パケット交換機への取り組み　175
8.5　将来への展開 ……………………………………………………………… 176
　章末問題 ……………………………………………………………………… 176

章末問題解答　　　　　　　　　　　　　　　　　　　　　　　178
参考文献　　　　　　　　　　　　　　　　　　　　　　　　　183
索　　引　　　　　　　　　　　　　　　　　　　　　　　　　185

第 1 章　交換方式の歴史

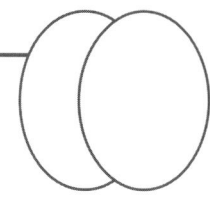

　交換技術の進展は，ネットワークの進化の道筋である．その道筋においては，新しい技術によるネットワーク設備があたかも何もない砂漠の上につくられるようにまったく新しくなることはなく，古い設備があちこちに残存したまま少しずつ新しいものへと変更されるため，ある時点では，ツギハギだらけのネットワークである．それだけに，技術者にとって，過去の技術の知識とその継承は必須であり，また新技術の研究開発におけるヒントになるはずである．
　本章では，交換技術の歴史的な展開について，回線交換とパケット交換のそれぞれについて概説し，最後に NGN を説明する．

1.1　情報通信ネットワークの発展

　1876 年，米国ボストン大学の A.G. ベル（Alexander Graham Bell）が，電話機（telephones）を発明した．電磁誘導により音声振動を電気信号に変換するもので，この発明によって音声情報を遠隔の地に伝送することが可能となった．時代の要請に即応する形で，翌 1877 年には，簡単な切り換え器を用いた手動交換機により，ボストンで交換業務が開始されている．電話機は一対一の通信を行う端末であるが，多くの電話機がおたがいに通信するためにはネットワークが必要となり，交換機はネットワークの心臓部を担う．
　ネットワークを形成する場合，図 1.1 に示すように，主として二つのやり方がある．メッシュ形とスター形の形態である．電話の数を n とすると，図 (a) に示すメッシュ形ネットワークでは，電話を結ぶ線である伝送路の数は $n(n-1)/2$ となり，n の二乗で増加する．たとえば，$n = 1000$ でも伝送路数は 499500 となる．一方，図 (b) に示すスター形ネットワークでは，中央交換機が 1 台あれば，伝送路の数は電話機数 n で増加するのみである．
　電話ネットワークの発展と経済化に対する交換機の役割は絶大であり，電話機の発

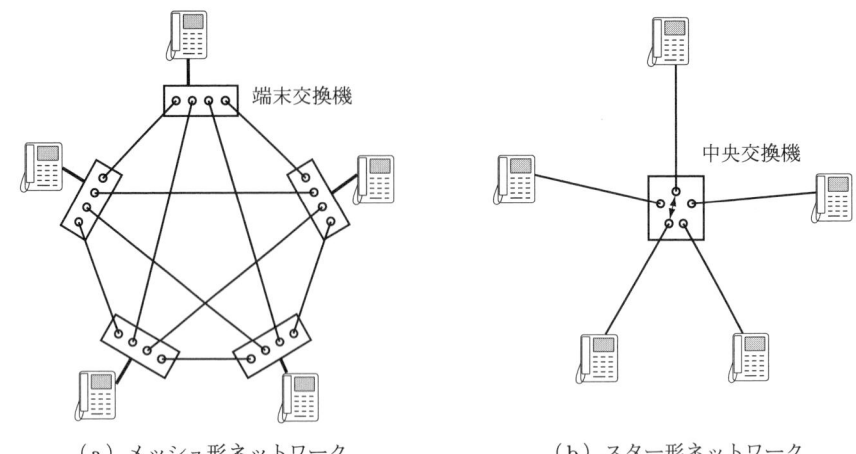

(a) メッシュ形ネットワーク　　　　　(b) スター形ネットワーク

図 **1.1**　電話ネットワークの基本形態

明から2年後には**手動交換機**が開発された．手動交換機では，交換手が交換台にある碁盤目状のジャックに接続コードのプラグを挿入することによって切り換える．日本では，1890年（明治23年）には手動交換機を用いた交換業務が東京と横浜で開始された．当時の加入者は約220名であったという．

　手動交換機ではきわめて小規模なネットワークしか形成できないため，早い段階から自動交換機の開発が進められた．日本では，1926年から自動交換機が導入されている．加入者数が増大すると，1台の交換機では収容できなくなるため，加入者を分散して多くの交換機で収容し，交換機どうしを結ぶ必要が生じる．さらに電話加入者区域が広がると，交換機どうしを結ぶ交換機が必要となる．すなわち，電話機と直接接続される**加入者交換機**と，加入者交換機どうしを結ぶ**中継交換機**が開発され，ネットワークは交換機の種類と規模により区別される階層構造を形成するようになる（図2.1参照）．

　電話ネットワークでは，電話をかける側（**発呼電話**という）から銅線を一つずつ接続して電話を受ける側（**着呼電話**という）まで電気信号を伝える通路を形成する．発呼電話から着呼電話まで電気を流し，電灯をつけるイメージである．

　一方，第二次世界大戦後に登場したコンピュータでは，電話ネットワークとは違うやり方でたがいに通信する方法が開発され，ネットワークが発展してきた．コンピュータネットワークは，20世紀後半にはインターネット，21世紀になるとIPネットワークとして通信の主役に躍り出てきた．当初の開発目的や要求内容が異なるため，二つ

のネットワークは別々の発展をしてきたが，両技術のよさを統合したネットワークが構築されつつある．それが，次世代ネットワーク **NGN** である．

1.2 交換方式の分類

接続の仕方から，交換方式を大きく分類すると，**回線交換方式**（circuit switching systems）と**蓄積交換方式**（store and forward switching systems）となる．その内容をさらに分類すると，表 1.1 となる．

表 1.1 交換方式の分類

方式名	交換/スイッチ名	技術内容	応用例
回線交換方式	空間分割スイッチ	格子スイッチ	電話交換機
	時分割スイッチ	時間スイッチ	
		空間スイッチ	
	周波数分割スイッチ	波長スイッチ	光クロスコネクト
蓄積交換方式	パケット交換	共有メモリ形	パケットルータ パケットスイッチ
		共有媒体形	
		格子スイッチ形	
	ATM 交換	—	—

回線交換とは，二つの端末間の伝送路を，銅線をつなげるように交換機が順次接続していく方式で，いったん接続されてから情報のやり取りを行う．転送する情報そのものにはあて先，送信元を表す内容はない．あて先ごとに情報をおく場所が決められており，場所を入れ替えることによりスイッチングするというやり方である．おく場所が二次元・三次元の空間上に決められているものが空間分割スイッチ，時間軸上に決められているものが時分割スイッチ，また周波数や波長により決められているものが周波数分割スイッチである．電話交換機は，空間分割スイッチと時分割スイッチを利用している．

蓄積交換とは，送信端末からの情報を交換機がいったんメモリに蓄積し，情報にあるあて先アドレスをみて，あて先に向かう伝送路に情報を転送することにより，順次あて先端末まで届ける方式である．一かたまりとする情報の大きさにより方式が分類されている．**パケット交換**（packet switching）では，数キロバイトの大きさの情報を一かたまりとし，その大きさは可変としている．これを，可変長パケットという．こ

れに対して **ATM 交換**（asynchronous transfer mode switching）では，一かたまりの情報を 53 バイトの固定長とし，このかたまりを**セル**（cells）とよんでいる．

回線交換では，いったん端末間に伝送路（これを**回線**という）を形成してから情報を流すので，安定した品質が得られ，人では気がつかないほどのきわめて小さい時間遅延を実現する．これは，時間遅れを気にする電話とか，テレビには大変都合がよい．ただし，開通した回線は終了するまでネットワーク設備の一部を占有することになるので，流す情報の有無，あるいは量にかかわらず，時間に比例したコストがかかる．

一方，蓄積交換は，一かたまりの情報を一つずつ転送するので，かたまりごとに遅延，経路などが異なり安定した品質を得るには工夫が必要である．また，交換機ごとにメモリに蓄積されることから，その際の時間遅れは電話やテレビにとって深刻な問題である．しかしながら，情報が転送されるときだけネットワーク設備を利用するので，無駄がなく効率的であり，その結果，安価に提供できる．この利点は強力で，それによりさまざまな技術的な問題点を解決することができるようになり，通信における基本技術へと成長しつつある．

1.3　回線交換技術

電話の発明からしばらくの間，電話交換機に関しては，自動交換機の開発競争がさかんであった．日本では，1978 年の全国自動即時化達成まで継続する．全国自動即時化とは，ダイヤルすれば全国どこでもすぐにつながるということを実現することである．この達成以降，通信事業者の間では電話事業から脱皮して，マルチメディア通信を実現する交換機の開発が進められた．

1.3.1　ステップ・バイ・ステップ交換機

1879 年，米国のストロジャー（Almon B. Strowger）は，はじめて実用的な自動交換機を発明した．ストロジャー方式は，電話番号における 10 進数の 1 桁ずつ，加入者電話からのダイヤル信号でセレクタ（番号選択機）を直接駆動して接続するやり方である．ダイヤル数字の 1 桁ずつに順次接続することから**ステップ・バイ・ステップ交換方式**（step-by-step switching systems）といわれる．

図 1.2 に，その原理を示す．この交換機の基本は上昇回転スイッチである．上昇と回転により 2 桁の数字を二次元で選択する．回転スイッチとは，図のように半月状に配列された出力端子の接点を，回転する入力端子により接続するスイッチである．こ

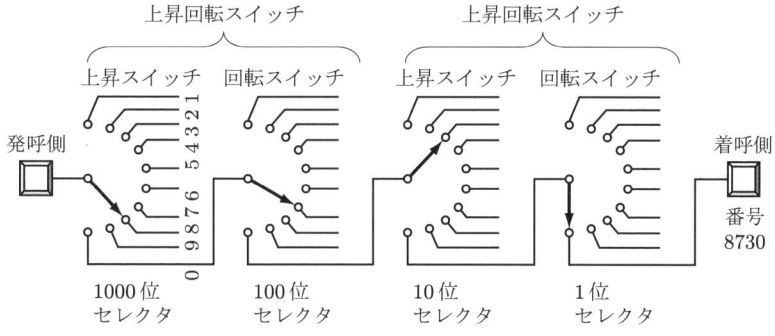

図 1.2 ステップ・バイ・ステップ交換方式の原理

の回転スイッチを縦に10段積み重ねた構造により，上昇スイッチを構成する．ともに電磁石により入力端子を駆動し，上昇電磁石にダイヤルパルスが加わるとダイヤル数字分だけ出力端子をこすりながら上昇し，1桁目を選択する．つぎのダイヤルパルスにより回転電磁石が駆動し，2桁目を選択する．

ダイヤルパルスとは，回転ダイヤル式電話機から送信されるダイヤル信号である．いまではみられなくなったが，現在のプッシュボタン式電話機以前には，図 1.3 に示す回転ダイヤル式電話機が利用されていた．ダイヤル数字をフックまで回して離すとダイヤルが戻る際，図 1.3 に示すように，電話交換機から送られている電流がダイヤル数字分だけ切断される．これが，ダイヤルパルスとなる．回転ダイヤル式電話機のダイヤル信号は，ステップ・バイ・ステップ交換機のためのものだったのである．

日本では，1923 年の関東大震災により，東京，横浜の手動交換機設備が壊滅したため，その復興を機会にステップ・バイ・ステップ交換機が導入された．初期には外国

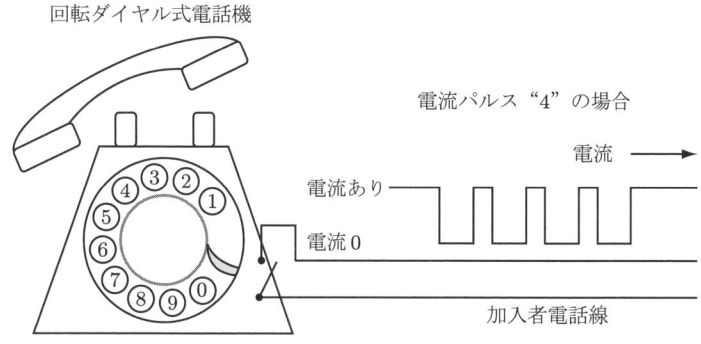

図 1.3 ダイヤルパルスの発生

製品を輸入していたが，1930年には国産交換機が開発され，同時に導入が開始されている．この導入は，第二次世界大戦でいったん中断されたが，その後クロスバー交換機の導入開始まで継続された．

1.3.2 クロスバー交換機

クロスバー交換方式（crossbar switching systems）の原理発明は古く，1901年に，米国のロバート（H.J. Robert）により最初の特許が出願され，さらに1913年，レイノルズ（J.N. Reynolds）により特許出願された．最初の実用的な交換機は，スウェーデンにおいて1926年に開発された．

図1.4は，クロスバー交換機の構成原理を表す．縦・横に交差する導線の交点に開閉形スイッチを配置した構造であり，典型的な空間分割スイッチである．各導線と平行して電磁石付きの金属棒が配置されており，電磁石を駆動して縦棒と横棒を動かすことにより交点のスイッチを開閉する仕組みとなっている．ステップ・バイ・ステップ交換機の上昇回転スイッチは端子をこすって移動するものであるため，磨耗が激しく，雑音が出やすいものであったが，この開閉形スイッチは回転圧接形であり，かつ機構が簡単であるため，磨耗と雑音が小さく，長寿命であるという利点がある．

開閉形スイッチそのものは選択機能がないため，スイッチを駆動する制御装置が必要となる．図1.5に示すように，クロスバー交換機では，交換機内のすべてのスイッ

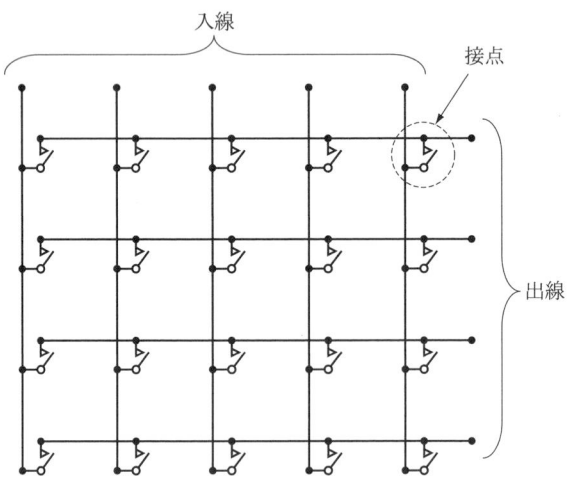

図 1.4　クロスバー交換機の構成原理

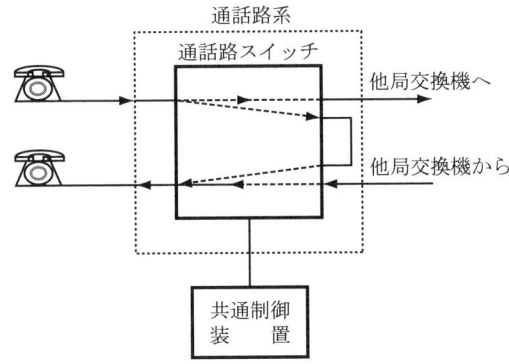

図 1.5 共通制御方式交換システム

チを制御する機構を1ヶ所に集め，共通にした．これを**共通制御方式**とよぶ．これに対して，ステップ・バイ・ステップ交換では，各スイッチに制御装置がある構造であり，これを**単独制御方式**という．いわば，手動交換機における交換台パネルがクロスバースイッチに，交換手が共通制御装置に相当する．

単独制御方式では，交換機を個別にしか制御できないので，同じ加入者交換機に収容される電話どうしだけが自動接続される対象であった．すなわち，ステップ・バイ・ステップ交換機では，他局交換機と連携した自動接続は困難であった．共通制御方式の採用により，制御機能が高められ，他局交換機と連携した自動接続や中継経路の選択による中継回線の効率的な運用が可能となるなど，電話ネットワークとしての機能が一挙に高められた．

日本では，ダイヤルすれば全国どこでもすぐにつながるという全国自動即時化を進めるために，1953年にクロスバー交換機の採用が決定され，1956年には最初の国産機が導入されている．第二次世界大戦で破壊された電話ネットワークの再興がもう一つの柱であったが，全国自動即時化達成を表看板として，一世を風靡した交換機であった．

1.3.3 電子交換（SPC 交換）機

1945年，米国のフォン・ノイマン（John von Neumann）は，コンピュータの動作原理である**蓄積プログラム制御方式**（**SPC**: stored program control）の概念を発表した．SPC方式とは，図1.6に示すように，メモリに蓄積したプログラムにより演算処理を行うものである．プログラムであるソフトウェアと演算部本体であるハードウェアとが分離されているため，ソフトウェアの入れ換えだけでさまざまな機能を実

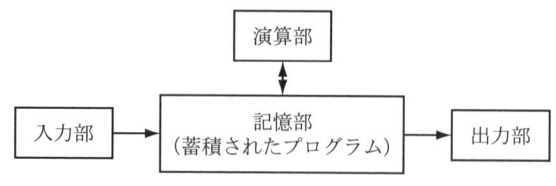

図 1.6 蓄積プログラム制御方式

現することができる．

　1954 年，米国ベル研究所では，制御内容の機能拡充を容易にするため，交換機の共通制御装置に SPC 方式を採用することを決定した．クロスバー交換機などにおけるそれまでの制御装置では，リレーや電子回路などのハードウェアで機能を実現するものであったため，機能拡充ごとに装置をつくり変える必要があった．1960 年ベル研究所は試作機で実験を行い，SPC 方式の卓越した機能の融通性を実証した．1965 年には，最初の実用機 No.1 ESS（Electronic Switching System）がイリノイ州サカサナ局で開設している．

　No.1 ESS は，共通制御部には SPC 方式を用いているが，通話路スイッチにはクロスバーと同じ空間分割方式を採用し，接点スイッチには封入形の電磁式リレースイッチを用いた．SPC 方式を用いた交換システムを，当時は**電子交換機**とよんだが，音声信号はアナログ信号のままであるため，現在ではアナログ交換機といわれている．その構成を，図 1.7 に示す．

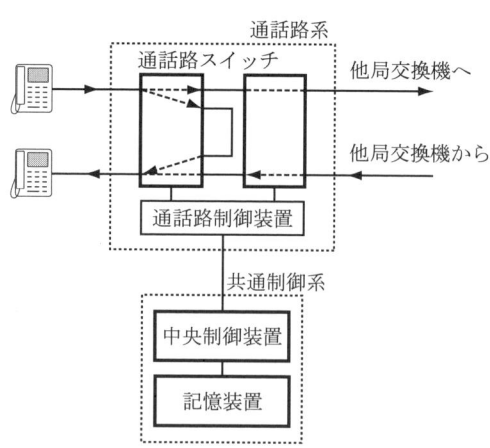

図 1.7 蓄積プログラム制御方式交換システム

日本では，NTTがSPC方式の実験機を1965年に試作開発し，1972年より本格導入している．

1.3.4 ディジタル交換機

信号をディジタル化して伝送するディジタル通信は，信号劣化がなく品質がよいため，早くから注目されていた．第二次世界大戦後における半導体技術や高速パルス技術の急速な発展に基づき，1960年ごろから研究が進められ，電話24回線を時分割多重して伝送する**PCM**（pulse coded modulation）**24方式**が，米国では1962年に，日本では1965年に，電話ネットワークの中継回線に導入された．

ディジタル通信はネットワークの効率的な運用を可能とし，電話以外にデータ，画像，映像などの多様な通信サービスを可能とする．それは次世代ネットワークの基本技術であるという認識のもとに，通信事業者は強力に研究開発を推進した．図1.8に，電話ネットワークディジタル化の流れを示す．図(b)に示す中継回線のディジタル化がPCM24方式，光ファイバ伝送方式などの導入で着々と進められていく中，交換機のディジタル化が時分割スイッチ方式を採用することによって実現されていく．

ディジタル化された音声信号を時分割スイッチにより交換する交換機は，現在では**ディジタル交換機**とよばれている．1977年，米国ベル研究所にて，その最初の実用

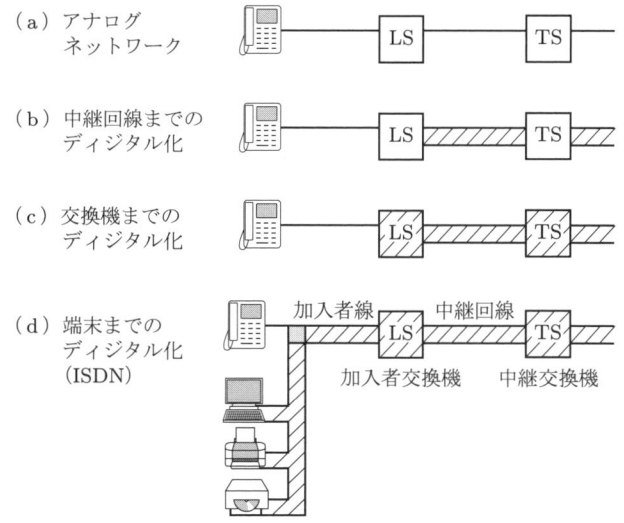

図 **1.8** 電話ネットワークのディジタル化の流れ（斜線部がディジタル化した部分）

機が開発された．日本でも開発が進められ，1982年より中継交換機が，1983年には加入者交換機がNTTのネットワークに導入されている．1995年には，図1.8(c)に示す交換機までのディジタルネットワークが完成する．現在からみると，電話ネットワークの最終形態が完成したことになる．

つぎの目標は，図1.8(d) に示すように，加入者線をディジタル化し，ディジタル端末からのディジタル信号をそのまま転送する全ディジタルネットワークを実現することであった．これが，**ISDN**（integrated service digital networks：サービス統合ディジタルネットワーク）である．初期のISDNは，64 kbpsの電話回線を基本として，1.5 Mbpsまでの範囲でサービスの統合化を行ったものであり，これを**狭帯域ISDN**（narrow band ISDN）という．日本ではNTTにより，1988年，ディジタル加入者交換機の加入者インターフェイスをISDN対応のものに差し替えて，基本インターフェイスサービスが開始されている．

ISDNサービスは，1990年代当初は伸び悩んだが，1995年米国におけるインターネット設備の民間売却を契機に，そのアクセス回線として一時的に普及した．しかしながら，そのころから安価な高速アクセス回線であるADSL（asymmetric digital subscriber lines：非対称ディジタル加入者線方式）が市場に躍り出て普及し，21世紀になると光ファイバアクセス回線が個人利用者に利用されるようになった．インターネットは，もともとコンピュータ間通信を確実に行うために開発されたものであるが，21世紀に入り，これらの高速アクセス回線を用いたIP電話が普及するに至って，情報通信ネットワークへと変貌していくことが明確となった．インターネットは，ISDNが追求していた情報通信ネットワークの理想像を，かわりに実現していくようになる．

1.4 パケット交換技術

1945年にフォン・ノイマンがSPC概念を発表して以来，コンピュータの開発と利用技術は，1948年のトランジスタの発明とあわせて急速に進展した．コンピュータの高い計算能力，データ処理能力を，通信回線を用いて遠隔地で利用しようとする取り組みは，早くも1952年に米国で航空機座席予約システムとして実現している．コンピュータ間通信を行うネットワークを実現するために開発されたものが，パケット交換技術である．

1.4.1 コンピュータネットワークの登場

1969 年，米国国防省の高等研究計画局（ARPA: advanced research project agency）が，4 台のコンピュータを用いて実験的なパケット交換ネットワーク **ARPAnet** を構築し，運用を開始した．この出来事は，二つの意味で技術史上に残るものである．一つは，インターネット（the Internet）の誕生である．ARPAnet が核となり，ほかのさまざまなネットワークが接続されることによる自己増殖を繰り返して，やがて世界規模でのネットワークへと成長した．もう一つは，世界初となるパケット交換機が開発され，運用されたことである．1960 年代前半にはすでにパケット交換に関する理論的な研究が行われていたが，コンピュータ通信の必要性を痛感していた ARPA がその通信方式にパケット交換を採用し，その有効性を実証した．

パケット交換ネットワークの第 2 号は，1970 年にハワイで稼動した．ハワイ大学が開発した ALOHA（additive links on-line Hawaii area）システムである．このシステムは，ハワイ諸島間を無線で通信するもので，データ転送をランダムアクセス方式の無線パケットで行った．通信チャネルの割り当てをするという中央制御形ではなく，端末が独自に送信を判断する自律分散制御形であり，イーサネットの原型となった．イーサネット（Ethernet）は，ALOHA における無線空間を同軸ケーブルに置き換えて高速通信をより確実なものとしたもので，1975 年に米国ゼロックス社が発表した．ゼロックス社は，さらに DEC 社，インテル社と協力して開発を進め，1980 年には業界標準となる DIX 仕様 1 版（DIX は DEC，Intel，ZeroX の意味である）を発表した．

イーサネットの基本形態を，図 1.9 に示す．同軸ケーブルを共有伝送路とするバス形ネットワーク形態であり，各端末はトランシーバケーブルを通してパケット信号を送出する．媒体アクセス制御に，IEEE802.3 委員会で標準化された **CSMA/CD**（carrier sense multiple access with collision detection：衝突検出付き搬送波検知多重アクセス）方式を用いており，自律分散形であるのは ALOHA と同じである．同軸ケーブルは，コンピュータの内部構成における内部バスを外部に出し，長く延ばしたものに相当する．したがって，イーサネットは共有媒体形交換を行っていることになる．また，イーサネットは，ネットワーク階層で分類すると 2 層のデータリンク層に位置づけられ，**LAN**（local area networks）の一種である．

1970 年代にさまざまなネットワークが稼動すると，各ネットワークを接続する実験が行われるようになる．1974 年，ネットワーク接続のためのプロトコルである **TCP**（transmission control protocol）がスタンフォード大学の研究者により発表され，1977

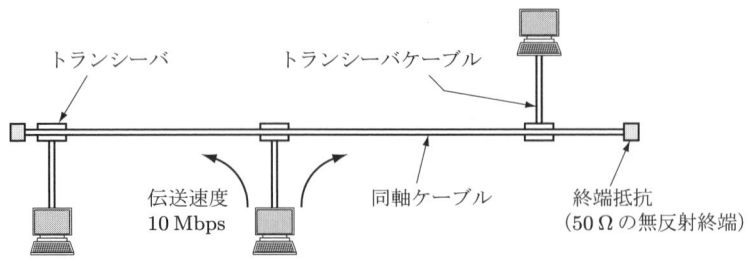

図 **1.9** イーサネットの基本形態

年には ARPAnet への接続実験が行われた．TCP はその後の 1978 年に IP（internet protocol）を分離した TCP/IP に変更され，1981 年には **IETF**（Internet Engineering Task Force：インターネット技術標準化委員会）で標準化されている．IP は，LAN を接続するためのプロトコルであるので，ネットワーク階層では 3 層のネットワーク層に入れられる．IP に基づいて LAN 間接続を行う装置が，ルータ（routers）である．

1.4.2 ルータとスイッチ

初期のルータは，汎用コンピュータ上で動作するアプリケーションの一つであった．図 1.10 に，初期のルータにおける機能構成を示す．汎用処理を行う **CPU**（central processing units：中央処理装置），通過パケットや経路表を記憶する汎用メモリ，ルータ内部での伝送路となる内部バス，および各通信回線への媒体アクセス制御（**MAC**: media access control）を行うラインカードより構成される．ラインカードは，回線ごとに差し込まれるので通常複数枚実装される．経路表から経路を探索するルーチングと，出力先となるラインカードへの転送指示を行うフォワーディングはすべて CPU

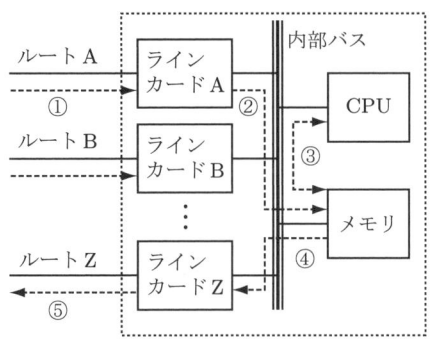

図 **1.10** 初期ルータの機能構成

が行う．

動作手順は，つぎのとおりである．

①ルートAからパケットが到着すると，②ルートAのラインカードAはパケットをメモリに転送する．③CPUは，到着したパケットのあて先をみて，メモリにある経路表から出力ラインカード（図ではZ）を割り出す．さらに，メモリにラインカードZへの転送を指示する．④メモリは，ラインカードZにパケットを転送し，⑤ラインカードZはパケットをルートZに送出する．ここで，②と④ではそれぞれ1回の転送と，③では数回の転送が行われるので，一つのパケット転送で数回内部バスを通過することとなる．パケット到着頻度が多くなると，当然内部バスでの輻輳が起きて，それが原因となり処理速度は遅くなる．

ルータの処理能力を向上させるために，専用のネットワーク機器としてのルータが開発される．専用機器としてのルータの構成例（第二世代）を，図1.11に示す．大きな改善点は，①ラインカードにパケットをいったん蓄積するメモリバッファと，経路情報を一時的に保持する経路キャッシュを具備する，②内部バスの改良またはバス以外の高速スイッチを利用する，という2点である．①では，各ラインカードにおける経路キャッシュとCPUとの間で経路情報を分散することにより，ラインカードとCPU間の情報転送回数を減らしている．さらに，ラインカードにおけるメモリバッファは，主メモリへのパケット転送をなくし，出力ラインカードに直接1度転送すればすむようにしている．

ルータの処理能力は，1秒あたりに転送できるパケット数である**スループット**（through-put）を目安としている．図1.11のような構成を採用することにより，ス

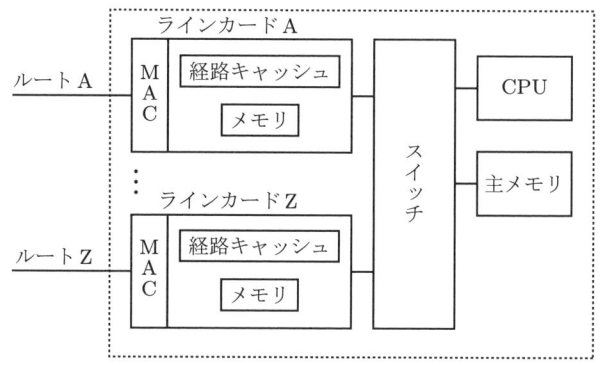

図 1.11　専用ネットワーク機器としてのルータの構成

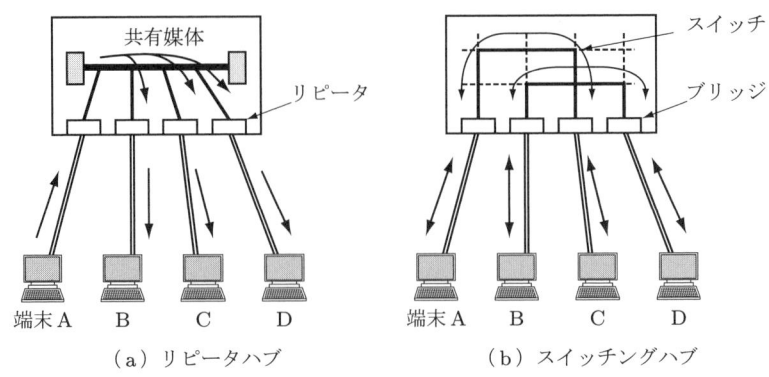

図 1.12　10BASE-T におけるリピータハブとスイッチングハブ

ループットは 1980 年代後半における 10 kbps から，2000 年代後半での 40 Gbps まで，約 10^6 倍高めることに成功している．

　イーサネットの世界においても，1990 年代から高速化の進展がみられている．イーサネットでは，同軸ケーブルを用いたバス形配線からより対線を用いたスター形配線へ変更する製品が登場し，LAN 市場において圧倒的な支持を得た．1990 年に IEEE802.3 委員会にて標準化され，**10BASE-T** と名付けられている．その際，ハブ (hubs) とよばれる集線装置がパケット交換機の役目をする．図 1.12 に示すように，初期には内部バスを用いたリピータハブが利用されたが，転送速度を速めるためにブリッジポートと内部スイッチを用いたスイッチングハブが開発され，現在の主流となっている．スイッチングハブの構成は，図 1.11 とほぼ同じで，図 1.11 のラインカードが図 1.12(b) のブリッジに相当する．したがって，蓄積交換（store and forward）方式である．

　スイッチングハブは，その後高速性を高め，ブリッジポートの入力伝送速度で 100 Mbps，1 Gbps，10 Gpbs までの標準化と製品化がなされた．実に 10^2 倍の高速化を達成しているのである．

1.4.3　ATM 交換機

　狭帯域 ISDN サービスが開始された 1988 年には，ネットワークサービスに関するつぎの開発目標が定められた．高精細映像伝送や高速ファイル転送を実現するには，数十 Mbps 以上の転送が可能な高速広帯域ネットワークが必要であるとして，CCITT（国際電信電話諮問委員会：現在の ITU-T）ではすでに研究が開始されており，このネットワークを**広帯域 ISDN**（broadband ISDN: B-ISDN）とよんでいた．1988 年

CCITTは，B-ISDNの交換技術に**ATM**（asynchronous transfer mode：非同期転送モード）方式を採用することを決定し，1992年にはインターフェイス速度を156 Mbpsと620 Mbpsの2種類とすることで勧告化した．

このことを契機として，ATMは回線交換とパケット交換両者の長所を併せもつ交換方式であると認識され，1990年代には盛んに研究開発された．1990年代後半におけるインターネットの爆発的な普及により，残念ながらB-ISDNサービスが提供されることはなくなったが，ATMが本質的にもつ高速交換性能はスイッチ技術としての根強い人気がある．

ATM交換は，パケット交換と同じく蓄積交換方式の一種である．パケットとの違いは，一かたまりとなる情報が**セル**（cells）とよばれる53バイトの固定長となる点である．53バイトのうち，データ部が48バイト，あて先情報と制御情報を格納したヘッダ部が5バイトである．あて先情報とは，伝送路を特定する仮想パス番号（**VPI**: virtual path identifier）と，端末間の回線を指定する仮想チャネル番号（**VCI**: virtual channel identifier）である．

初期のパケット交換機や現在の中低速ルータでは，パケット全体をメモリバッファに取り込んでソフトウェア処理を行っている．この方法では，転送遅延が生じてスループットが上がらない欠点がある．ATM交換機では，固定長セルのヘッダにある仮想パス番号のみを参照して，ハードウェアにより経路切り換えを実行するので，高速交換を実現できる．

図1.13に，ATM交換機の動作原理を示す．心臓部には，2×2スイッチを多段に組み合わせたATMスイッチがある．2×2スイッチは，セルヘッダの先頭にあるビットを認識して，"0"ならばOFFに"1"ならばONに自動的に，ハードウェアで切り換えを行う．これを，**自己ルーチング**という．

手順で示すと，つぎのとおりとなる．①パス番号aのセルが回線制御装置1に到着すると，②回線制御装置1はパス番号aをみて"10"の自己ルーチングヘッダを先頭に追加する．ATMスイッチは"10"を認識し，③1段目OFF，2段目ONの切り換えをし，④出力回線制御装置2に転送する．また，回線制御装置4に到着したパス番号bのセルは，⑤"01"の自己ルーチングヘッダによりATMスイッチにより切り換えられて，⑥同じく出力回線制御装置2に転送される．回線制御装置2では，到着したセルをいったんバッファに蓄積し，⑦ヘッダの付け替え処理をして順次送出する．

ATMスイッチによる自己ルーチングは，LSIスイッチで実現されるため，高速処理が可能である．また，回線制御装置では，セルをバッファに取り込みヘッダ付け替え

16　第1章　交換方式の歴史

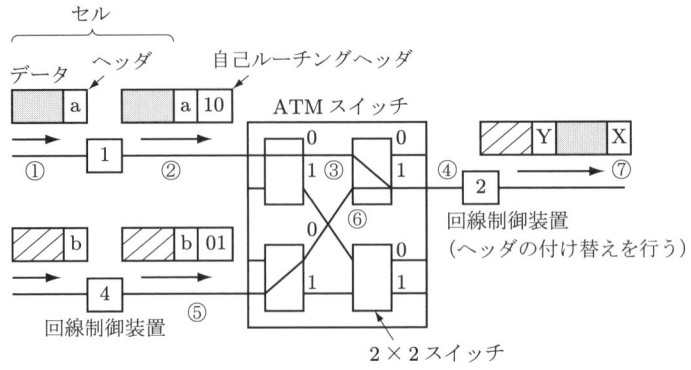

図 **1.13**　ATM 交換機の動作原理

が必要であるが，セル自身が53バイトと短い固定長であるためハードウェア処理とすることが可能である．高速スイッチとしてのこのような優れた特性から，高速ルータのスイッチ部にATM技術は利用されている．

1.4.4　NGN（次世代情報通信ネットワーク）
(a)　ネットワーク設備の更改

電話ネットワークにおけるディジタル化が完了した1995年ころから，つぎのネットワークづくりに向けての模索が続けられた．一般に，情報通信事業は設備産業であり，国全体で均一に同じ情報通信サービスを提供しようとすると，莫大な費用がかかる．たとえば，NTTグループの場合，保有する固定資産額は約12兆円で，毎年の設備投資額は2兆円に達する．新しいサービスを提供するために，旧式の装置や古い設備から新方式の装置や新しい設備に替えてネットワークをまったく新しくするには，長い年月が必要である．このように，ネットワークなどの設備を新しくすることを，**更改**という．

図1.14に，新しい情報通信システムの導入にともなう，設備数の推移イメージを示す．1.3節でみてきたように，新しい交換機が導入されて，つぎの交換機が導入されるまでの期間は，20〜30年であり，この期間は年々短くなっている．図では20年としている．

新技術システムは，導入開始のだいたい10年前には，すでに研究が開始されている．これは，旧システムの導入が開始され，順調に設備更改がなされることが確認できるころには次期システムの研究がスタートする，ということである．ちょうどその

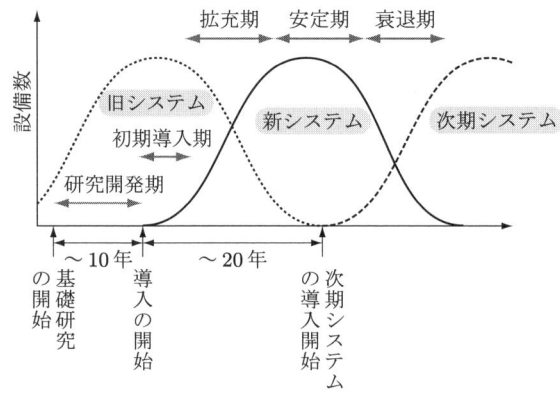

図 1.14 新システムの設備数推移イメージ

ころに,旧システムの研究開発者の手が離れるからである.新システムによる設備更改は,初期のディバッグ期間である初期導入期を順調に経過すると,拡充期を経て,導入開始から 20 年経つころに安定期となり,終了する.ちょうどそのころ,つぎの新しいシステムの導入が開始される.その後は,次期システムへと更改していくので衰退期となる.

　莫大な投資が必要な設備は,いったん構築したあとは投資効率の点から長く使い続けるほうが望ましい.しかし,装置や設備は必ず老朽化して故障が頻繁となるため,部品やパッケージを取り替えて使い続けるのが一般的である.一方,古い設備における交換部品や交換パッケージは,メーカ製造ラインの維持が困難となるため,次第に入手困難となっていく.このため,装置の在庫,更改された装置やその部品を使いまわすことで間に合わせるようにしているのが普通である.また,導入後 20 年を経過すると,構築に携わった技術者が老齢化し,その交代の人材を確保することが困難となる.

　このように,古い設備であると維持や保守にかかるコストそのものが割高となる.一方で,通信事業者や装置メーカは,彼らのユーザや市場に応えるために,新しい技術を活用した新しいサービスや製品を提供する必要に迫られる.したがって,図 1.14 で示すように,導入後 20 年経過すると,つぎの新しいシステムへと更改する必要に迫られる.

　当初,ディジタルネットワーク構築後の次期ネットワークとして各国の通信事業者が想定していたものは,ISDN であった.1990 年代では,広帯域 ISDN へと更改していくことが順当であると思われていた.しかしながら,インターネットの爆発的な普

及とその利用技術の多様化が，この道筋の変更をもたらした．2004年6月に英国BTが電話ネットワークのIP化構想を発表，ついで2004年11月NTTが次期ネットワーク構想を発表する中で，世界的に**NGN**（next generation networks：**次世代情報通信ネットワーク**）を構想する動きが加速していった．

(b) アーキテクチャ

電気通信に関する国際的な標準化を行い，勧告を作成する機関である**ITU-T**（International Telecommunication Union-Telecommunication Standardization Sector：際電気通信連合‐電気通信標準化部門）は，2004年5月にNGNを研究するグループを設立した．2004年12月にNGNの定義と概要を定めた勧告Y.2001の発行を手始めに，2006年にはリリース1として順次研究結果を勧告として発行している．以下その概要を，勧告にそって説明する．

図1.15に，勧告Y.2001に記載されたNGNの定義と，その補足となる説明を示す．定義の内容は，大きく5項目である．②広帯域でQoS（quality of services：サービス品質）制御可能な転送技術を用い，③サービス機能と転送技術とを分離した，①パケットベースのネットワークであること．④アクセス方法や，プロバイダ，サービスの選択が自由にでき，⑤普遍的で，ユビキタスなモバイルサービスが提供されるもの，としている．⑤は，移動ネットワークとの連携がユーザには意識しないでできるようにすること，と解釈できる．

NGNの定義を踏まえて，勧告Y.2012「汎用機能アーキテクチャ」ではネットワークの階層構造と機能群が示されている．図1.16にその内容を示す．大きな区分けに，**ストラタム**（stratum：層）という単語を用いて，OSI参照モデルでのレイヤ（layer）

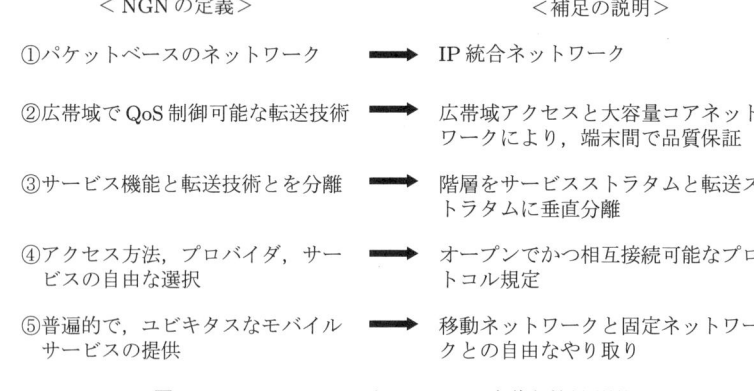

図 **1.15** Y.2001におけるNGNの定義と補足説明

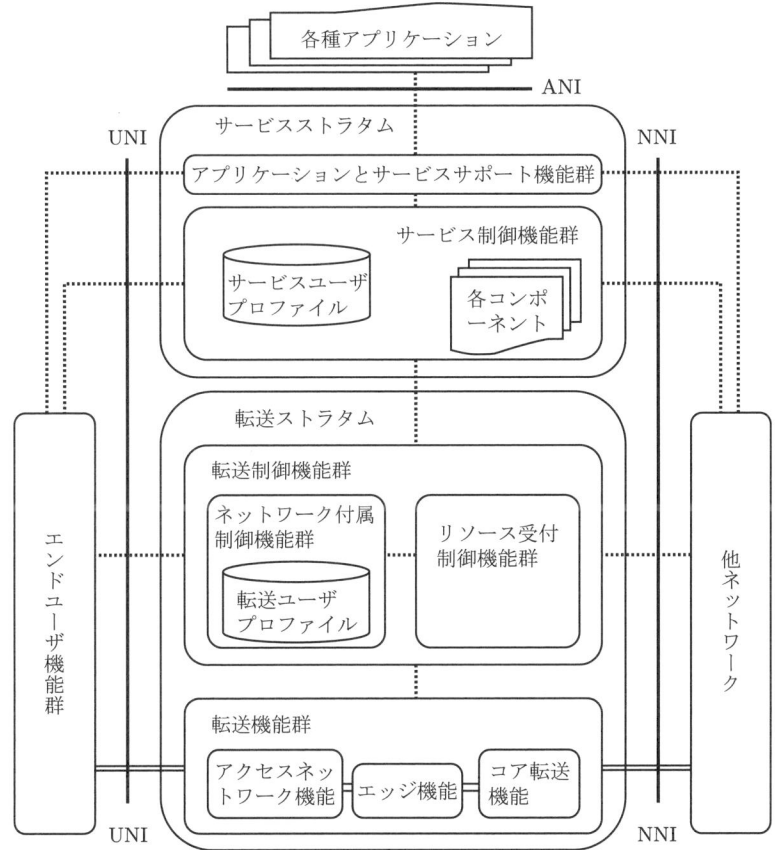

ANI: application-network interfaces
UNI: user-network interfaces
NNI: network-network interfaces

図 1.16 NGN のアーキテクチャと各機能

と区別している．NGN は，サービスストラタムと転送 (transport) ストラタムの 2 階層に分離され，さらに転送ストラタムは転送制御機能群と転送機能群に分離される．サービスストラタムは，ユーザ認証と登録，通信条件交渉，および各種追加サービスを提供する．転送ストラタムは，QoS とセキュリティを確保した上で端末間まで転送する役目をする．転送と転送制御に機能群を分離しており，電話ネットワークでの通話路系と共通制御系とを分離していることと類似できる．

NGN と外部との接続点では，端末との接続点である UNI (user-network interfaces)，他ネットワークとの接続点である NNI (network-network interfaces)，およびアプリケーションとの接続点である ANI (application-network interfaces) が規定されており，オープンで相互接続可能なプロトコル群を実装することが義務付けられている．

NGN の標準化活動の中では，移動ネットワークとの連携によるモバイルサービスの提供方法や，テレビ配信方法などが現在未解決であり，今後も精力的な研究が進められると期待される．しかしながら，NGN の本質は，電話ネットワークの更改をにらんで，より多様な情報通信サービスを提供することを付加価値として，IP で次世代の電話ネットワークを構築することにある．あまりに多様なサービスをネットワークに求めることは，ネットワークを重くして柔軟性を損ない，割高なサービスを提供する結果となる．次世代通信ネットワークとして最低限必要な内容を，着実に実現することが大切である．

章末問題

1.1 メッシュ形ネットワークの場合，10 台の端末を接続すると伝送路の数は何本となるか．
1.2 交換方式に関するつぎの用語のうち，①〜⑤と (a)〜(e) の関係のあるものどうしを結べ．
①空間分割スイッチ，②時分割スイッチ，③周波数分割スイッチ，④パケット交換，⑤ATM 交換
(a) 固定長パケット，(b) 波長スイッチ，(c) 格子スイッチ，(d) 可変長パケット，(e) PCM
1.3 日本における電話交換機導入の歴史について，つぎの質問に答えよ．
(1) 〔 〕内のキーワードに関する出来事を，表 1.2 の年表にまとめよ．
〔サービス開始，国産ステップ・バイ・ステップ交換機，国産クロスバー交換機，全国自動即時化，SPC 方式電子交換機，ディジタル交換機，ISDN，電話ネットワークのディジタル化完成〕
(2) 年表をみて，いえることを二つ挙げよ．
1.4 ARPAnet 運用開始における技術史上の意味を二つ挙げよ．
1.5 同軸ケーブルを用いた CSMA/CD 方式は，表 1.1 の交換方式の分類ではどこに位置づけられるか．
1.6 コンピュータネットワークの開発経緯を年表に記せ．
1.7 同じ 1000 バイト長のパケットが伝送速度 100 Mbps で，20 µs の間隔をあけて到着す

表 1.2 日本における交換方式導入の歴史

西暦	出来事
1876	米国 A.G. ベルが電話機を発明
1923	関東大震災
1945	第二次世界大戦が終わる
1995	インターネットが民間に売却され，本格的な普及が始まる

るとき，スループットを求めよ．
1.8 ATM 交換機における自己ルーチングを説明せよ．
1.9 NGN に関する最新の標準化動向を調査せよ．

第 2 章 回線交換技術

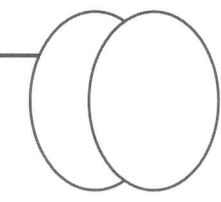

　回線交換技術は，電話ネットワークの発展にともない100年をかけて進化してきた．電話サービスを担う次世代ネットワークはIP技術に基づき形成されることから，現在の電話ネットワークが回線交換ネットワークの最後の姿となるだろう．しかし，その高度な技術は高速IPルータや光パケット交換機に転用されており，蓄積された技術の継承がなされている．
　本章では，現在の電話ネットワークの姿を説明し，その中に培われた高度な回線交換技術を説明する．

2.1 回線交換ネットワークの構成

　まず現在の電話ネットワークの姿を説明することが，回線交換ネットワークを理解する近道であろう．どのような交換技術を利用するにしろ，ネットワークを形成する上での共通の内容が存在して，それを学ぶには高度に発達した現在の電話ネットワークが参考になるからである．

2.1.1 ネットワーク階層

　一般家庭やオフィスにある電話は，**加入者線**（subscriber lines）を通して電話交換機に接続されるが，そのような電話と直接接続される交換機を**加入者交換機**（**LS**: local switches）という．電話加入者は地理的に広い範囲に存在するので，加入者交換機はできるだけ人口の密集地，すなわち都市部の中心地におかれる．加入者交換機は，最大で7kmの距離にある電話までを収容し，すきまなく日本全土をカバーするために数多く設置されている．
　このように多くの加入者交換機を接続して効率のよいネットワークを形成するためには，交換機の交換機である**中継交換機**（**TS**: transit switches）が必要となる．図2.1に，電話ネットワークの構成を示す．ネットワークは，加入者交換機と中継交換機の

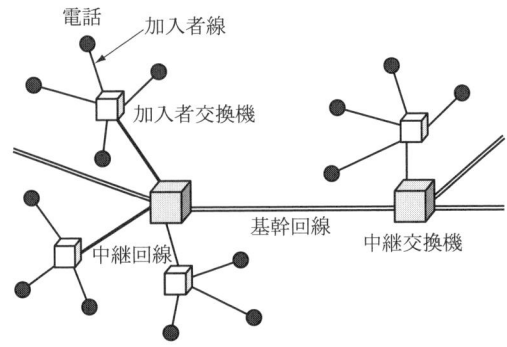

図 2.1 電話ネットワークの構成

二種類のノードで構成される．ここで，加入者交換機と中継交換機を接続する伝送路を**中継回線**，中継交換機どうしを接続する伝送路を**基幹回線**という．部分的な異常トラフィックによる輻輳や，ケーブルまたはノード故障に際して，ネットワーク全体が停止することがないように，基幹回線ネットワークは一般に網目（メッシュ）状の形をとる．

NTT が 1990 年代に完成させたディジタル電話ネットワークは，図 2.2 に示すように，加入者交換機がある**群局**（**GC**: Group Centers）と中継交換機がある**中継局**（**ZC**: Zone Centers）の 2 階層構成となっている．群局は全国で約 1600 局，中継局は約 60 局ある．ZC は県間通信を主要業務とする交換局であるが，そのほかに県内通

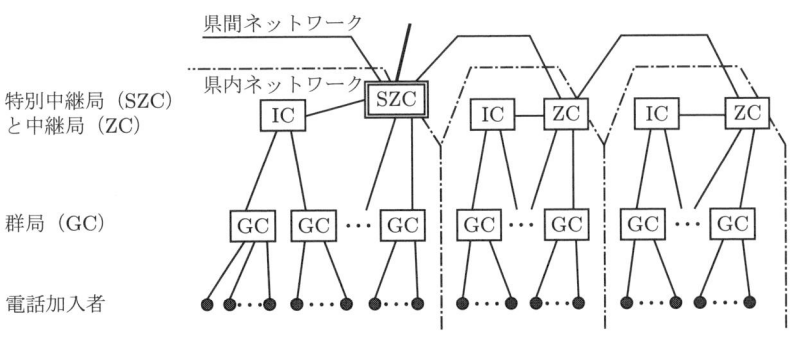

GC ：Group Centers
ZC ：Zone Centers
SZC：Special Zone Centers
IC ：Intra-zone Tandem Centers

図 2.2 ディジタル電話ネットワークの階層化構造（NTT の 2 階層網）

信のみを行う**県内中継局**（**IC**: Intra-zone Tandem Centers）があり，これと区別している．また，ZC でも基幹ネットワークを構成する大規模中継交換局を**特別中継局**（**SZC**: Special Zone Centers）といい，全国で 17 局ある．

IP ネットワークにおいても，パソコンや IP 電話アダプタなどの端末と直接接続される**アクセスノード**（access nodes）とパケット転送だけを行う**コアノード**（core nodes）との 2 階層構成が主流である．アクセスノードは，**エッジノード**（edge nodes）ともいい，ユーザ認証や暗号処理，サービスごとのコネクション設定などを行う．

2.1.2 転送ネットワークと制御ネットワーク

電子交換機では交換制御が蓄積されたプログラムにより実施されることを，1.3 節で述べた．ネットワーク全体で自動接続を実現し，付加価値サービスを提供するために，図 2.3 に示すように，現在ではすべての交換機の制御装置間を結合して制御ネットワークを形成している．交換機の共通制御系が制御信号を高速データ伝送の形にして送受信する方式を**共通線信号方式**（common channel signaling systems）といい，そのネットワークを**共通線信号網**という．電話事業者どうしで制御信号の相互接続を行うため，共通線信号方式は国際標準化されており，各国の事業者に採用されている．

共通線信号網における個々のノードを**信号局**（SP: Signal Points）というが，このうち交換機の共通制御系などの信号発着点を**信号端局**（SEP: Signal End Points），その中継局を**信号中継局**（STP: Signal Transfer Points）という．電話ネットワークに

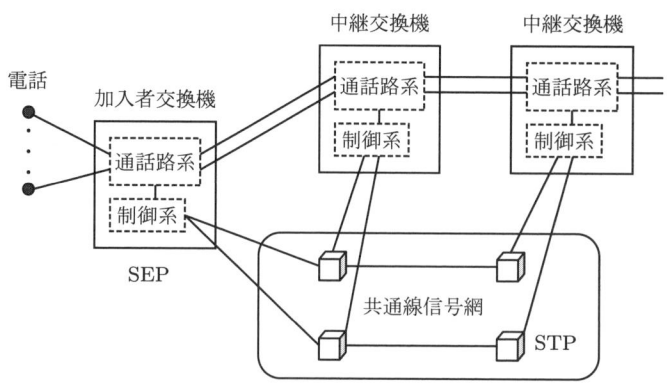

SEP: Signal End Points（信号端局）
STP: Signal Transfer Points（信号中継局）

図 **2.3** 電話交換機の制御ネットワーク

おける信号網は，人間の体にたとえると神経系統に相当し，障害があるとネットワーク全体が機能しなくなるため，その信頼性をきわめて高いものとする必要がある．STPは二重のネットワークを形成し，各SEPは二重のSTPと一対一にスター状に結ばれている．

　共通線信号網を一つの階層と位置づけると，図 2.4 に示すように，電話ネットワークは三つの階層ネットワークに分解できる．最下位層は，交換機の通話路部を結合して形成した回線交換ネットワークであり，音声信号の転送を担うので音声の転送ネットワークである．その上位には，転送ネットワークを制御する共通線信号網があり，制御ネットワークとなる．最上位には，付加価値サービスを提供するためのサービス制御ネットワークがあり，この層にあるデータベースサーバが，フリーダイヤル，メンバーズネットなどのネットワークサービスを実行するための情報を提供する．

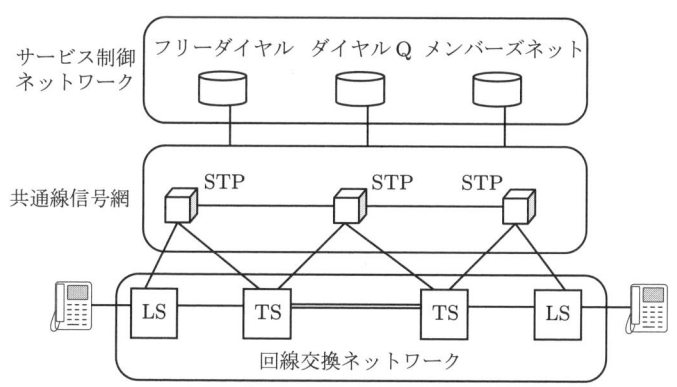

図 2.4　電話ネットワークの階層構造

このような階層構造において，共通線信号網は，つぎの三つの機能をもつ．
① 通信回線のルートを選定し，端末間を結ぶパスでの接続制御を実行する．
② サービス制御ネットワークにあるデータベースを利用して，高度な各種付加価値サービスを提供する．
③ 電話番号表示などの通信に関する情報の転送や交換機どうしでの信号情報の転送を行う．

　IP では，パケットヘッダに制御情報が格納されており，ルータがその制御情報をもとにルーチング，パケット転送を実施している．つまり，IP ネットワークは独立した制御ネットワークをもたない．これに対して NGN は，サービスストラタムでのサー

ビス性能機能群，転送ストラタムに転送制御機能群と転送機能群があり，電話ネットワークと同じ3階層構造となっている．QoSや端末認証など高度なネットワークサービスを実行するには，転送ネットワークとは独立した制御ネットワークをもつことが有効である，という認識に立っている．NGNは，IP統合ネットワークを目指す中で電話ネットワークで培われた技術を利用している．

2.2 電話交換機

電話はこれからも続くであろう通信サービスであるので，本節では，回線交換技術を利用する電話交換機について，その機能とハードウェア構成をあらためて説明する．

2.2.1 役割と機能
電話交換機の役割と機能は，つぎの三つに要約される．
(1) 端末間に通話路を設定する機能
  ネットワークの経路は，信頼性を確保するため複数通りを選択できる．交換機はまず，着信側加入者交換機までの効率的な経路を選択するルーチングを行う．経路は固定的ではなく，込み具合や故障状況に応じて変更される．つぎに，ルーチング結果に基づき，つぎの交換機に至るパスへの切り換え接続を実行する．これはスイッチングである．経路上の交換機が順次切り換え接続を実行して，端末までの通話路が開通される．
(2) 交換サービスの実行
  110番，119番などの特殊番号に接続する機能，117番の時報，177番の天気予報などの自動音声通知など，加入者交換機としての基本サービスに加え，フリーダイヤル，ダイヤルQ^2，キャッチホンなど，付加的なネットワークサービスを実行する．
(3) ネットワークの管理
  通信料金の課金，サービス品質の管理，障害や異常時におけるトラヒック規制などの，ネットワーク制御と障害処理などを実行する．

回線交換からパケット交換へと基本技術が変更される場合，これらサービスのすべてが継続的に提供されるわけではない．各事業者は，ユーザの動向に注意を払い，ユーザの了解を得ながら慎重に継続と廃止を行っている．

2.2.2 加入者交換機の構成

機能要素に分解した加入者交換機の基本構成を，図 2.5 に示す．交換機は，音声信号を転送するための**通話路系**と，これを制御するための**共通制御系**に大きく分かれる．通話路系は，他交換機の通話路系と接続され情報伝送のための転送ネットワークを形成し，共通制御系は，同じく他交換機の共通制御系と接続され制御ネットワークを形成する．

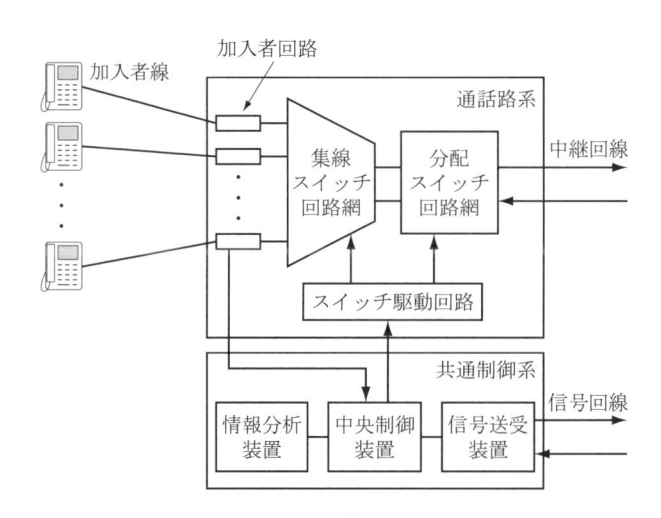

図 2.5 加入者交換機の基本構成

電話機は，まず 2 線の加入者線により交換機の入力インターフェイスボードである**加入者回路**に接続される．加入者回路はさまざまな機能をもち，とくにディジタル交換機ではおもに七つの機能をもつ．それらの機能は，それらの頭文字をとって，"**BORSCHT**" とよばれる．表 2.1 に，BORSCHT 機能を示す．電話機への直流電流の供給（B 機能），受話器の上げ下げの監視（S 機能），アナログ音声信号から 64 kbps ディジタル信号への変換・逆変換（C 機能）などの基本機能以外に，ダイヤル制御信号を受理し，共通制御系に転送することを行う．

音声信号は，つぎに**集線スイッチ回路網**に入り，トラヒックの集約が図られる．このとき一般家庭における電話使用率は，時間平均で 10 % 以下であるので，分配スイッチ回路網への入線における使用率は 50 % 程度に集約される．**分配スイッチ回路網**は，選定されたパスへの切り換え接続を実行する回路で，制御系からの指示に従う．スイッチ回路が電磁式開閉器の場合には，開閉のための電流供給する**スイッチ駆動回路**が必

表 2.1 加入者回路の機能（BORSCHT）

項目	内容
B（Battery feed）	電話機に直流電流を供給する機能
O（Over voltage protection）	誘導雷サージなどによる過電流，過電圧に対する保護機能
R（Ringing）	電話機への呼出信号の送出と停止機能
S（Supervision）	電話機の on/off に対応した加入者線電流有無の監視機能
C（Coder and decoder）	A/D（analog to digital），D/A 変換機能
H（Hybrid）	双方向伝送している音声信号の 2 線–4 線信号変換機能
T（Testing）	故障箇所判定のための切り分け機能

要となる．以上の回路群が，音声信号を転送する通話路系を構成する．

共通制御系は，情報分析装置，中央制御装置，および信号送受装置で構成される．**情報分析装置**は，交換機付属のデータベースサーバであり，電話種別，通信サービスの登録状況などの加入電話の属性や，ルーチング方策，課金処理など交換制御に必要な各種データベースと制御アルゴリズムを蓄積する．**中央制御装置**は，CPU そのものであり，情報分析装置や信号送受装置から得た情報をもとに，通話路系のスイッチに対して切り換え制御を実行する．**信号送受装置**は，共通線信号網へのインターフェイスボードであり，発信側電話機と着信側電話機とで交わされるダイヤル情報や，起動・応答・終了などを伝える監視制御情報をやり取りする．

中継交換機では，この構成において加入者交換機に特有な加入者回路と集線スイッチ回路網は不要であるが，それ以外の構成は同じとなっている．

2.3 空間分割スイッチ

前節で述べたように，通話路の切り換え接続を行う装置をスイッチ回路網というが，この方式には空間分割形と時分割形があることは，すでに 1.3 節で述べた．**空間分割スイッチ方式**（space-division switching）は，多数の接続点を平面的あるいは立体的に配置し，それら接続点を個別に切り換えることにより情報交換するやり方である．その代表は，入力線と出力線を格子状に配置し，その交点の切り換えに電磁式スイッチを利用したクロスバースイッチである．格子状の配線を用いているので，この構造を**格子スイッチ**（matrix switches）という．

2.3.1 リンク構成と内部閉塞

格子スイッチの基本構成を，図 2.6(a) に示す．入力ポートを入線，出力ポートを出線といい，それらがつくる格子の交点に開閉スイッチを配列する構造で，交点（cross points）を**接点**という．図では，入線数 n，出線数 m の構成となっており，$n \times m$ スイッチとよぶ．図 2.6(b) は，その略記法を示す．

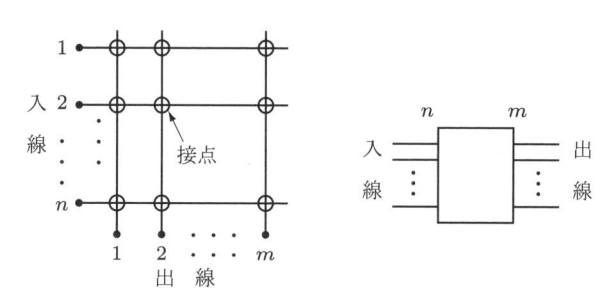

　　　　（a）格子スイッチ構成　　　（b）$n \times m$ スイッチの略記法

図 **2.6**　空間分割スイッチ

格子スイッチでは，コストが接点数に比例する．接点数は $n \times m$ であるので，線数の二乗でコストは増大する．たとえば，1000×1000 スイッチの場合，接点数は 100 万個となる．したがって，大規模なスイッチ回路網を構成する場合，一つだけの格子スイッチを利用することは得策でなく，小型の格子スイッチを多数組み合わせることが行われる．

図 2.7(a) は，$n \times m$ スイッチを $n \times s$ と $s \times m$ の 2 段のスイッチに分割し，スイッチどうしを配線したものである．接点数は $s(n+m)$ であり，$n = m = 1000$ で s を 100 とした場合，20 万個となる．図 2.6 のような 1 段スイッチで構成する場合と比較

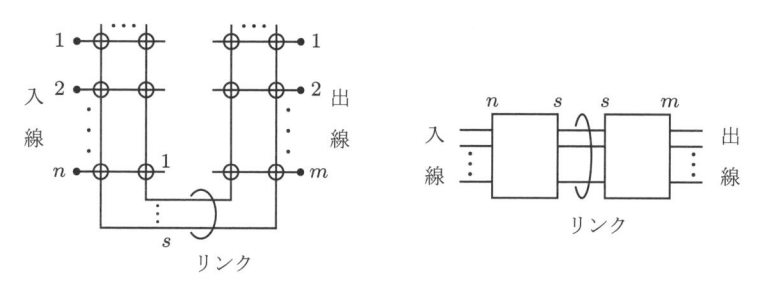

　　（a）格子スイッチ構成でのリンク　　（b）リンクのあるスイッチ表記

図 **2.7**　リンクのある閉塞スイッチ回路網

して，接点数は 1/5 となり，80％の節約ができたことになる．図 2.7 で，スイッチ間の配線を**リンク**（links）といい，リンクのあるスイッチの表記法を図 2.7(b) に示す．

小型スイッチをリンクで配線して大規模スイッチとするやり方には，もちろん欠点がある．たとえば，図 2.7 の構成で，$n = m = 1000$ で $s = 100$ とする場合では，入線，出線は 1000 ポートあるにもかかわらず 100 回線の切り換えしか処理できない．この場合，リンク数が処理可能な最大回線数となっている．

接続要求に対して，スイッチ回路網が接続できない状態であることを**閉塞**（blocking）または**輻輳**（congestion）というが，出線があいているにもかかわらず接続することができないことを**内部閉塞**という．一般にスイッチ回路網は，接点数を削減して経済化を図った構造としているが，入線数，出線数と比較してリンク数を小さくする場合がある．たとえば，加入者交換機の構成においては，集線スイッチと分配スイッチに回路網を分割し，リンク数を収容回線数の 1/10 以下としている．

スイッチ回路網は，内部閉塞がある閉塞スイッチと，内部閉塞のない**非閉塞スイッチ**（non-blocking switches）に大きく分類される．非閉塞スイッチとは，すでにどのような結線がされていようが，出線があいている限りどの出線に対してもあいている入線から接続できるものをいう．より詳しくは，非閉塞の特性によってさらに 2 種類に分類される．すでに結線された状態を変更することなく接続できるものを，**広い意味での非閉塞**（wide-sense non-blocking）スイッチといい，この中で，接続ルールに依存しないで非閉塞を実現できるものを**厳密な意味での非閉塞**（strict-sense non-blocking）スイッチという．格子スイッチは，入線と出線がつくる格子の交点 1 箇所で接続するというルールを必要とするので，これは広い意味での非閉塞スイッチである．

もう一つは，すでに結線された状態を変更することにより非閉塞を実現できるもので，**再配置による非閉塞**（rearrangeably non-blocking）スイッチという．再配置するときにわずかな時間で断線状態となるため，このスイッチを回線交換での切り換えに利用することは困難であるが，パケット交換ではパケットごとでの切り換えとなるため，パケットが固定長で同期転送の方式では適用することができる．この例を，3.3 節で述べる．

2.3.2 多段リンク構成

リンク配線により大規模スイッチを構成する例を，つぎに示す．図 2.8 は，**2 段リンク接続回路網**である．1 段目に k 個の $n \times s$ スイッチ，2 段目に s 個の $k \times m$ スイッチを配して，全体としては $nk \times sm$ スイッチを形成している．リンクは ks 本であり，

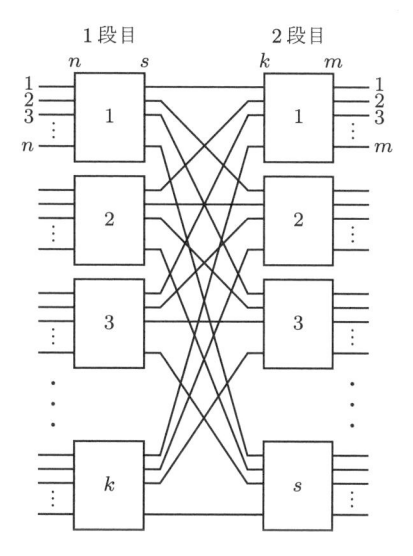

図 2.8　2段リンク接続回路網

1段列 p 行目（$p=1,2,\cdots,k$）スイッチにおける q 番目（$q=1,2,\cdots,s$）の出線は，2段列 q 行目スイッチにおける p 番目の入線に配線される．したがって，1段目スイッチと2段目の各スイッチとを接続するリンクは1本しかない．接点数は，$ks(n+m)$ 個であり，$nk \times sm$ 格子スイッチと比較して $\{1-(n+m)/nm\}$ の割合で削減されている．

この回路網は，明らかに閉塞スイッチである．図 2.9 に，内部閉塞の例を示す．図のように，2行目スイッチの2番目入線が同じ番号の出線に接続された場合には，同じスイッチの1番線どうしを接続することはできない．これを解決するために，1リンクにおける配線本数を複数とする方法，**多重リンク構成**があるが，通常はつぎのような多段リンク構成がとられる．

図 2.10 に，**3段リンク接続回路網**を示す．2段リンク構成と同様なリンク配線で $nk \times tm$ スイッチとしたもので，接点数は $s(nk+kt+tm)$ 個であり，$nk \times tm$ スイッチと比較して $\{1-s(nk+kt+tm)/nktm\}$ の割合で削減されている．スイッチ種別と接点数，接点数の削減率をまとめて表 2.2 に示す．

3段リンク構成は，2段リンク構成より閉塞の確率が確実に低減する．図 2.11 に，閉塞の回避例を示す．2段目スイッチを迂回経路とすることにより，閉塞が回避されていることがわかる．リンク構成では，段数を増やすことにより閉塞の確率を小さくすることができるので，4段，8段といった多段のリンク構成が利用されている．

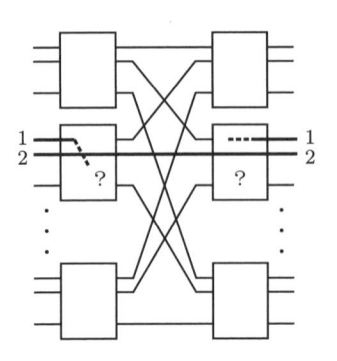

図 2.9 2段リンクでの内部閉塞

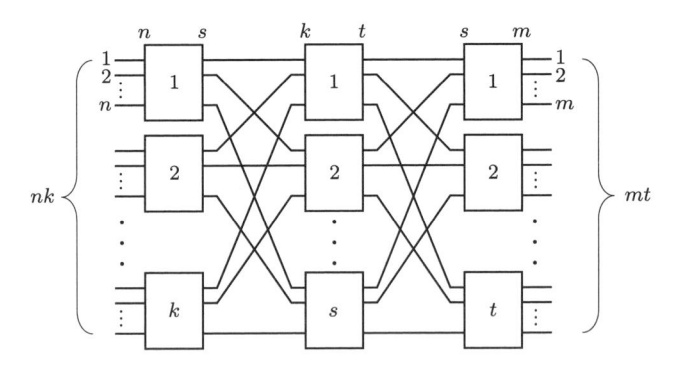

図 2.10 3段リンク接続回路網

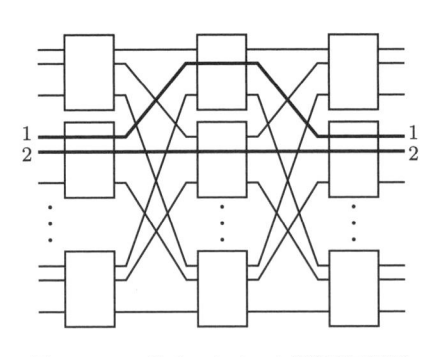

図 2.11 3段リンクでの内部閉塞回避例

例 2.1 ▶ リンク構成における接点数

1000×1000 スイッチを基準として，リンク数を100本とする各スイッチでの接点数と接点削減率を求める．

(1) 2 分割 1000×1000 スイッチ

$n = m = 1000$, $s = 100$ として，

接点数は $s(n+m) = 200000$, 削減率 $= 1 - \dfrac{s(n+m)}{nm} = 80\%$

となる．

(2) 2 段リンク構成 1000×1000 スイッチ

$n = m = 100$, $k = s = 10$ であるので，

接点数は $ks(n+m) = 20000$, 削減率 $= 1 - \dfrac{n+m}{nm} = 98\%$

となる．

(3) 3 段リンク構成 1000×1000 スイッチ

$n = m = 100$, $k = s = t = 10$ であるので，

接点数は $s(nk + kt + tm) = 21000$,

削減率 $= 1 - \dfrac{s(nk + kt + tm)}{nktm} = 97.9\%$

である．2 段リンクの接点数からわずか 5 % しか増加しないが，閉塞の確率は低減する．これらの結果を，まとめて表 2.2 に示す．

表 **2.2** スイッチ種別と接点数

スイッチ種別	接点数	接点数削減率	1000×1000 スイッチ (リンク数 100 本)	
			接点数	削減率
$n \times m$ スイッチ (図 2.6(b))	nm	0	1000000	0 %
2 分割 $n \times m$ スイッチ (図 2.7(b))	$s(n+m)$	$1 - \dfrac{s(n+m)}{nm}$	200000	80 %
2 段リンク構成 $nk \times sm$ スイッチ (図 2.8)	$ks(n+m)$	$1 - \dfrac{n+m}{nm}$	20000	98 %
3 段リンク構成 $nk \times tm$ スイッチ (図 2.10)	$s(nk + kt + tm)$	$1 - \dfrac{s(nk+kt+tm)}{nktm}$	21000	97.9 %

2.3.3 非閉塞 3 段リンク構成

3 段リンク構成で非閉塞スイッチとすることが可能であり，その条件は

$$s \geq n + m - 1 \tag{2.1}$$

である．この構成は，提案した米国 Bell 研究所 C. Clos 氏の名をとり，**Clos**（クロス）**回路網**（Clos networks）とよばれる．式 (2.1) は，図 2.10 の 3 段リンク接続回路網において，つぎのように解釈される．1 段目の一つの格子において，すでに $(n-1)$ 入線が使用されているとする．n 番目の入線に新たな接続要求があるとすると，その格子の出線は少なくとも m 本あいているので，2 段目にある m 個の格子に接続できる．各 2 段目格子は t 本の出線をもつので，結局 1 段目の新たな接続要求では，2 段目において mt 通りのリンク選択が可能である．この数は，ちょうど回路網での出線数 mt と一致するので，その中の 1 本を通して任意の出線に到達できる．

Clos 回路網は，対称形で利用することが多いので，$n = m$，$k = t$ とおくと，$s = n + m - 1 = 2n - 1$ の場合，接点数は $k(2n-1)(2n+k)$ となり，接点削減率は $\{1 - (2n-1)(2n+k)/n^2 k\}$ となる．n と k が 6 以上であれば，$nk \times nk$ スイッチよりも接点数は削減される．

回路網を対称形として，$n = s = m$，$k = t$ とすると，この構成は再配置による非閉塞スイッチとなる．各段間のリンクが nk 本となり，入線数，出線数と同じ nk 本となるため，nk の接続要求は経路を選択すればすべて任意の出線に接続することができる．すでにほかの入線にて接続がされていても，新たな接続要求は，再配置接続を行えば目的の出線に接続される．

例 2.2 ▶ 非閉塞 3 段リンク構成における接点数と削減率

(1) Clos 回路網
$n = m = 100$，$s = 2n - 1$，$k = t = 10$ の 1000×1000 スイッチを考える．

接点数は $k(2n-1)(2n+k) = 10 \times 199 \times 210 = 417900$，

接点削減率は $1 - \dfrac{(2n-1)(2n+k)}{n^2 k} = 1 - \dfrac{199 \times 210}{100000} = 0.5821$

となり，約 60％の削減率が得られる．

(2) 再配置非閉塞スイッチ回路網
$n = m = s = 100$，$k = t = 10$ の 1000×1000 スイッチを考える．

接点数は $nk(2n+k) = 100 \times 10 \times 210 = 210000$，

接点削減率は $1 - \dfrac{2n+k}{nk} = 1 - \dfrac{210}{1000} = 0.79$

となり，約 80％の削減率が得られる．

2.3.4 チャネルグラフ

Clos 回路網は，内部閉塞をなくす究極の手段であるが，実際に計測されたトラヒックで考えたとき，内部閉塞が生じる場面が存在するとしても，その確率が十分小さければ非閉塞とみなしてよいといえる．確率で考察することにより，さらに接点数を削減できる．この目的のため，回路網の設計で利用されているものが，**チャネルグラフ**（channel graph）である．

図 2.12 に，3 段リンク回路網におけるチャネルグラフを示す．図 (a) に示す 3 段リンク回路網において，入線 X から出線 Y に到達するための経路（channels）は，図の太線で示すように，s 本ある．入線と出線間を結ぶ経路すべてを図に表すと，図 (b) に示すチャネルグラフとなる．点は格子を，線はリンクを表す．各リンクは使用中である確率，すなわち内部閉塞状態となっている確率 p の重みをもつ．また，このようにとりうる経路が複数本あるとき，それを**経路選択の自由度**という．図 2.12 の 3 段リンクでは，その自由度は s である．

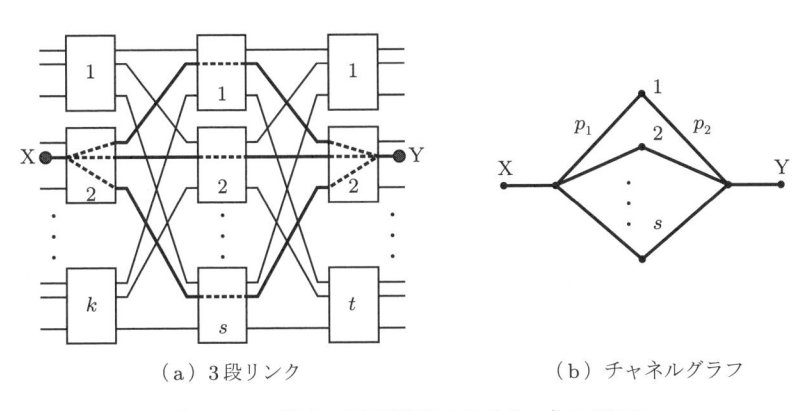

図 2.12 3 段リンク回路網におけるチャネルグラフ

（a）3 段リンク　　　　（b）チャネルグラフ

1–2 段間リンクの閉塞確率を p_1，2–3 段間リンクのそれを p_2 とすると，一つの経路での閉塞確率は，$p_1 + (1 - p_1) p_2$ となる．閉塞は 1–2 段リンクで生じるか（p_1），生じない場合 $(1 - p_1)$ には 2–3 段リンクで生じるか（p_2），であるからである．同じ段でのリンクはすべて同じ閉塞確率であるとすると，X–Y 間において閉塞が生じている確率 B は，s 経路全部が閉塞されている場合であるので，

$$B = \{p_1 + (1 - p_1) p_2\}^s \tag{2.2}$$

となる．1–2 段リンク本数と 2–3 段リンク本数が同じであれば，$p_1 = p_2 \equiv p$ とおけ

るので，式 (2.2) は次式となる．

$$B = (2p - p^2)^s \tag{2.3}$$

さて，この項の最初で，実際に計測されたトラヒックから確率で考えるといういい方をしたが，トラヒックそのものの定義は4章で詳しく説明する．ここでは，「トラヒック」(正確には呼量という) を通話中である回線数の時間平均と定義し，a とおく．a は入線数を超えることはないので，図 2.10 の 3 段リンク構成の場合，$0 \le a \le nk$ すなわち $0 \le a/nk \le 1$ である．

いま，トラヒックは各入線に均等に加わるとすると，同じ段でのリンクにおいても均等なトラヒックとなる．したがって，対称形 3 段リンク構成 $n = m, k = t$ の場合，$p = a/sk$ である．この p を式 (2.3) に代入すれば，閉塞確率が得られる．

例 2.3 ▶ 3 段リンク構成における閉塞確率

(1) Clos 回路網
対称形で，$s = 2n - 1$ とする．全入線が塞がっている場合 $a = nk$ であるので，$p = a/sk = nk/(2n-1)k \approx 0.5$ となり，式 (2.3) は $B = 0.75^s$ となる．
　$n = m = 100, k = t = 10$ の 1000×1000 スイッチでは，$B \approx 1.4 \times 10^{-25}$ というきわめて低い確率となる．
(2) 再配置非閉塞スイッチ回路網
$n = m = s = 100, k = t = 10$ の 1000×1000 スイッチを想定する．負荷 p に対して，$p = 0.7$ で $B \approx 0.8 \times 10^{-4}$，$p = 0.8$ で $B \approx 0.017$ となり，負荷が 70% までは閉塞確率は無視できるほど小さい．

チャネルグラフを用いた最適スイッチ回路網の研究では，すべて同じ $n \times n$ の格子スイッチを用いると，トラヒック a に対して，トラヒックあたりの接点数を最小とする最適段数はほぼ $\log a$ となり，最適 n は 5 程度となることが明らかにされている．すなわち，比較的小規模の格子スイッチを多段にして数多く配置することが経済的であることを示している．

2.4　時分割スイッチ

時間軸上にある場所ごとにあて先を定めておいて，そこにおく情報を交換することによりスイッチングするやり方が，**時分割スイッチ** (time-division switching) であ

る．このうち，前後の時間軸で交換するやり方を**時間スイッチ**，同じ時間帯において伝送路間で交換するやり方を**空間スイッチ**という．時間軸上におく情報の形としては，アナログ信号よりもディジタル信号のほうが扱いやすいので，電話交換機では音声信号のディジタル化が必要である．

2.4.1 音声信号のディジタル化

音声信号をディジタル化するには，標本化，量子化，および符号化という三つの操作が行われる．この操作は **A/D** (analog-to-digital) 変換といい，逆にディジタル信号からアナログ信号に変換する操作を **D/A** (digital-to-analog) 変換という．A/D 変換する素子を**コーダ** (coders)，D/A 変換する素子を**デコーダ** (decoders)，および両方の機能をもつ素子を**コーデック** (codecs) とよんでいる．これらの機能や素子は，加入者交換機の加入者回路における C 機能としてすでに登場している（2.2.2 項）．

標本化 (sampling) の内容を，図 2.13 に示す．標本化とは，図 (a) に示すアナログ信号に対して，図 (b) に示す一定間隔の標本化パルスの到着タイミングに，図 (c) に示すようにその振幅を抜き出す操作である．標本化パルスの周期 T に対して，その逆数を**標本化周波数** ($f = 1/T$) と定義する．D/A 変換の際，元のアナログ信号を完全に復元するためには，アナログ信号がもつ周波数成分のうちその最大周波数を $f_{\max}$

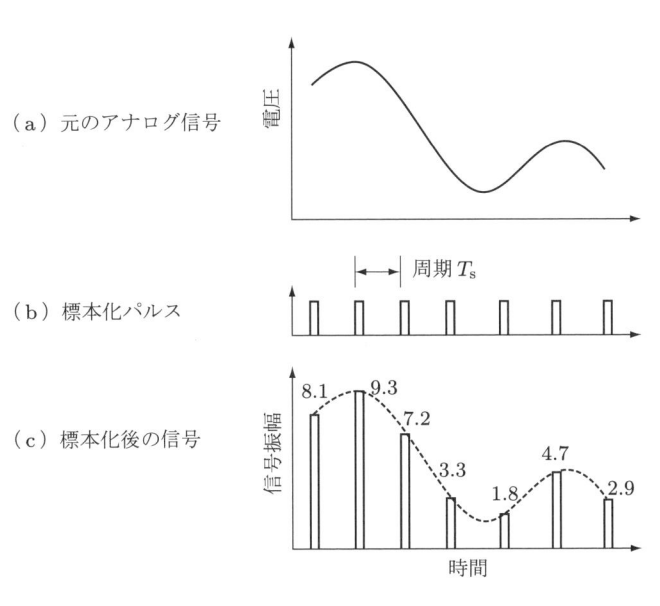

図 2.13 アナログ信号の標本化

とすると，標本化周波数をその2倍以上，すなわち $f \geq 2f_{\max}$，としなければならない．これを，**標本化定理**（sampling theorem）という．逆にいうと，A/D変換での標本化周波数の半分となる周波数までしか元のアナログ信号を復元できないということである．

標本化された信号の振幅は連続的な値であるが，つぎに，離散的な数値に変換される．この操作が**量子化**（quantization）である．最後に，離散数値化された振幅を2進符号化する．この操作が**符号化**（coding）である．この二つの操作により，振幅が0と1に符号化される．

図2.14に，音声信号でのディジタル化例（ITU-T勧告G.711）を示す．8kHzの標本化周期で標本化を行うので，音声信号のうち0〜4kHzの帯域を符号化していることになる．1振幅を256段階にて量子化し，8ビットの2進符号で送り出すので，ビット伝送速度が64kbpsとなる．8ビットのかたまりを通信分野では**1オクテット**（octet）というが，コンピュータ分野での**バイト**（byte）と同じビット数であり，まぎらわしいので以下ではバイトの単位を用いる．この例（G.711）では，1振幅は125μ秒（= $1/(8 \times 10^3)$）の間隔で8ビットに並べられる．

| 入力アナログ信号 → | 標本化 | → | 量子化 | → | 符号化 | → 出力ディジタル信号 |

音声信号の　　　標本化周期　　量子化レベル　符号割当て　　ビット伝送速度
ディジタル化　　＝8kHz　　　＝256段階　　＝8ビット　　＝64kbps

図 **2.14** 音声信号のディジタル化（G.711）

2.4.2 時間スイッチ

時間スイッチの原理を，図2.15に示す．伝送路 n 本に転送されるディジタル信号は，時分割多重化装置で n 多重される．通常は，伝送路先の分解装置にて多重を解き，それぞれの端末へと転送される．音声信号では1振幅1バイト分が周期 $T = 125$ μ秒におかれるので，多重化後には125μ秒間に n 多重分の信号がおかれ，この枠を**フレーム**という．多重化の際には，フレームの先頭であることを示すビット列が新たに加えられる．このため，n 多重すると $(125/n)$ μ秒よりわずかに短い時間に1バイトが納められる．この時間枠を**タイムスロット**という．したがって，伝送路先の分解装置では，先頭ビットによりフレームの境界を認識し，各タイムスロットに納められた情報を時間順に出力伝送路に転送することを行っている．

2.4 時分割スイッチ

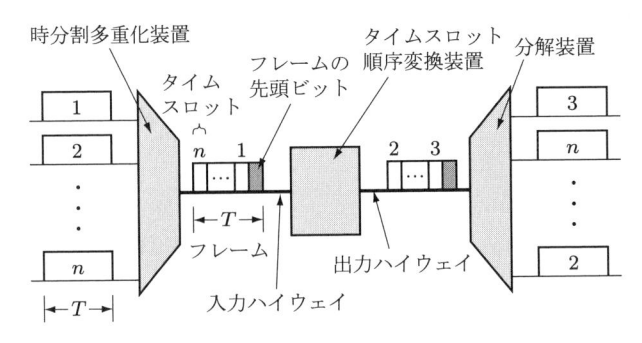

図 2.15 時間スイッチの原理

時間スイッチは，タイムスロットに格納された情報を時間軸上で交換することによりスイッチングを行う．分解装置は時間順に出力するので，時間軸上で情報の位置を変えてやれば，出力先が変わることになる．この時間順序を変える装置を，**タイムスロット順序変換装置**といい，この装置に入力する多重化伝送路を**入力ハイウェイ**，出力する多重化伝送路を**出力ハイウェイ**とよんでいる．

図 2.16 に，タイムスロット順序変換装置での変換原理を示す．中央にある，1 フレーム分の情報を記憶する**通話メモリ**が，この装置の心臓部である．通話メモリでは，番地がつけられたメモリ枠に 1 タイムスロット分の情報が記憶される．メモリへの書込み（読出し）制御をシーケンシャルカウンタが，読出し（書込み）制御を制御用メモリが行う．入力ハイウェイから送られてくる 1 フレームの情報は，シーケンシャルカウンタの制御によりタイムスロットごとに通話メモリの枠内へ順次記憶される．制

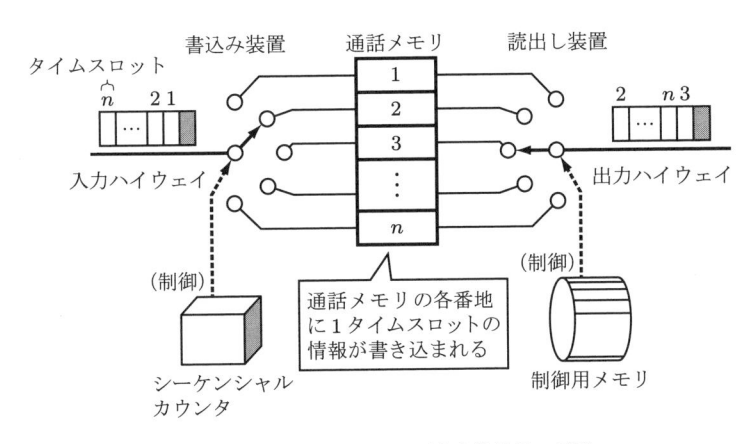

図 2.16 タイムスロット順序変換装置の原理

御用メモリには通話メモリでの読出し順序が入力されており，その順序に従って読出しを制御して，出力ハイウェイに出力される．この結果，順序変換が実現する．また，逆に書込み時に順序変換して，シーケンシャルカウンタを読出し制御に利用する装置もある．

時間スイッチは，多重度 n のフレーム内では自由にタイムスロット位置を交換できることから，非閉塞 $n \times n$ スイッチを実現している．多重度は，書込み，読出し速度によって決まる．たとえば，1024 多重の場合には 65.6 Mbps，4096 多重では 263 Mbps の速度が必要である．書込みと読出しを別時間に行うと，さらにこの 2 倍の速度が必要となる．また，格子スイッチではそのコストは n^2 に比例するのに対して，時間スイッチの装置コストは多重度にあまり依存せず（しいていえば $\sqrt{n}$ に比例），1 セット単位での値となる．このため，回線あたりのコストは多重度が大きいほど小さくなる．したがって，できるだけ多重度を大きくすることが経済的となる．LSI 技術の進歩により，現在 4096 多重の大型スイッチ構成が可能となっている．

2.4.3 空間スイッチ

空間スイッチの原理を，図 2.17 に示す．k 本の入力ハイウェイと t 本の出力ハイ

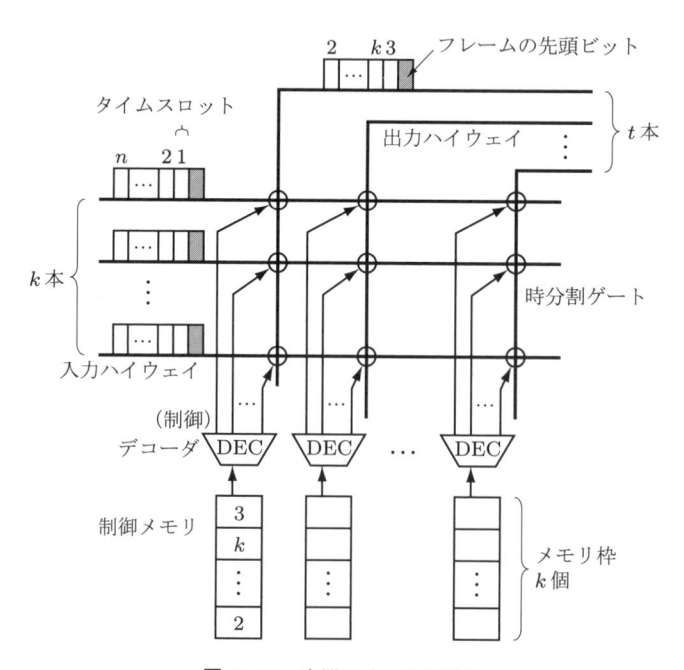

図 2.17 空間スイッチの原理

ウェイが格子を形成し，その交点にある**時分割ゲート**が情報読出しを行う．入力ハイウェイには，n 多重の情報フレームがその先頭を同期させて入力する．1 フレームには n 個のタイムスロットがあるので，出力ハイウェイのフレーム上に，タイムスロットごとの情報をその時間位置を変えずに読み出すことにより交換を行う．したがって交換は，同じ時間でのタイムスロットにある情報群に対してのみ行われる．

スイッチングは，つぎのような手順による．1 本の出力ハイウェイに対して 1 台の制御メモリが配置されており，情報読出し指示がタイムスロットごとにデコーダ（DECorders）を通して時分割ゲートへ出される．制御メモリには，あらかじめ読出し先の入力ハイウェイ番号がタイムスロットごとに入力されており，k 個の同期したフレームが交点を通過するとき読出し指示をする．時分割ゲートは，指示を受けてタイムスロットごとの読出しを実行する．このタイムスロットごとの読出しである点が，空間分割スイッチ方式での開閉スイッチとは異なる．この結果，出力ハイウェイにはタイムスロットごとに読出し番号の異なる 1 フレームが形成され，出力される．

空間スイッチは，n 多重フレームにおいて同じタイムスロットにある情報間での交換を実行するものであるので，入力ハイウェイ数が k 本，出力ハイウェイが t 本とすると，$k \times t$ スイッチが n 面ある構成と同等である．$t \geq k$ である限り，タイムスロットでの読出しには制限がないので，$k \times t$ スイッチは非閉塞である．装置コストは，格子スイッチと同様に接点数の二乗に比例する．空間分割スイッチ回路網の構成では，小規模格子を多数利用するほうが経済的となることが明らかにされている．したがって，現在ではハイウェイ数でいうと 16×16 または 32×32 の構成が利用されている．

2.4.4 多段スイッチ

時間スイッチ（**T-スイッチ**ともいう）と空間スイッチ（**S-スイッチ**ともいう）を多段に組み合わせると，大規模なスイッチ回路網を形成することができる．T-スイッチのみでは同じフレーム内でのスロット入れ換えしかできないし，S-スイッチのみでは同じタイムスロット間での入れ換えしかできないからである．3 段構成を考えると，T-S-T 構成と S-T-S 構成が考えられる．

図 2.18(a) に，T-S-T 構成の例を示す．n 多重フレームを入力する T-スイッチを k 台並列に並べて 1 段目とし，$k \times k$ の S-スイッチ 1 式で 2 段目，3 段目には 1 段目と同じく $n \times n$ の T-スイッチを k 台並列に並べた構成である．この構成を空間分割スイッチ回路網で表した等価回路を，図 2.18(b) に示す．全体では $nk \times nk$ スイッチとして機能する．また，S-スイッチは n 面の $k \times k$ スイッチと等価であるので，図 2.12(b)

(a) T-S-T 構成

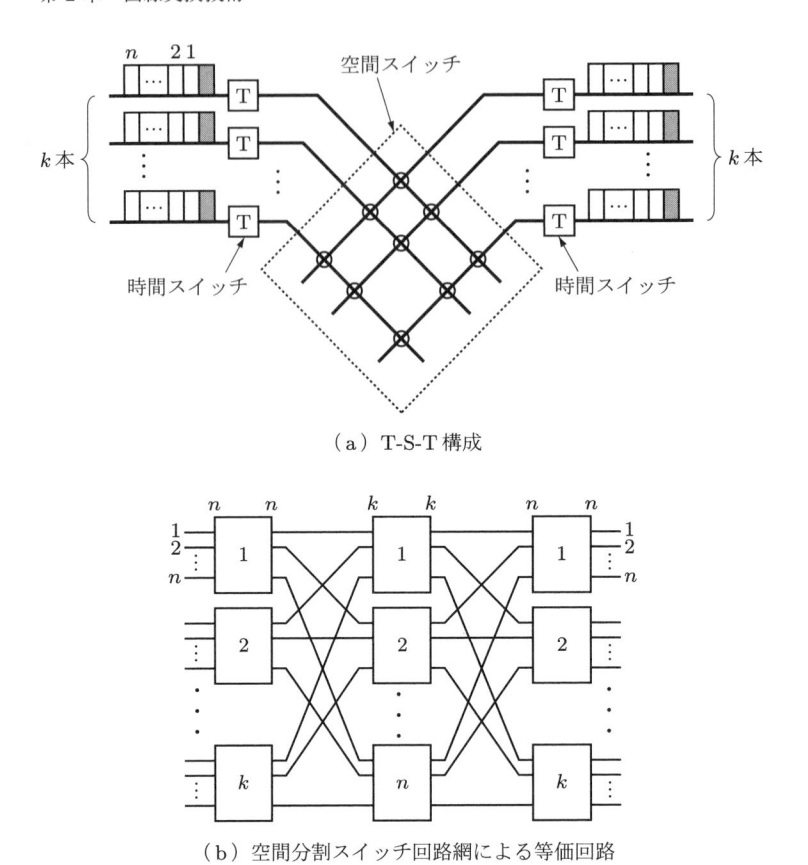

(b) 空間分割スイッチ回路網による等価回路

図 **2.18** T-S-T 構成例とその等価回路

のようなチャネルグラフで表すとわかるように，経路選択の自由度は n である．

一方 S-T-S 構成では，同じく $nk \times nk$ スイッチとして機能するが，2 段目での等価的な格子スイッチ数は k 個であるので，経路選択の自由度は k となる．多重度 n は 1024, 4096 と非常に大きな値をとれるが，k は 16 や 32 と小さな値である．したがって，内部閉塞の確率が小さい T-S-T 構成が採用されている．

現在，最大規模加入者交換機では，多重度 4096 の T-スイッチ，32×32 の S-スイッチを用いた構成で，収容加入者数 30 万となっている．常時，約 2 万呼の通話が処理できる．

章末問題

2.1 共通線信号網の機能を三つ述べよ．
2.2 交換機の役割と機能を三つ述べよ．
2.3 加入者交換機の基本構成（図2.5）において，中継交換機では不要となる構成要素をすべて挙げ，その構成要素の役割を述べよ．
2.4 図2.7のリンク構成とした格子スイッチにおいて，入線数，出線数がともに $n = m = 1000$ であるとき，以下の問いに答えよ．
   (1) 入線あたりの使用率は平均10％であるとする．リンクの平均使用率を80％とするためには，リンク数 s は何本となるか．
   (2) (1)の場合，$n \times m$ スイッチと比較して，接点数は何％削減できたか．
2.5 1000×1000 スイッチを基準として，リンク数を400本とする左右対称形の①2分割スイッチ（図2.7(b)），②2段リンク回路網（図2.8），および③3段リンク回路網（図2.10）の各スイッチでの接点数と削減率を求めよ．
2.6 Clos回路網において，$n = m = 50$, $k = t = 20$ として 1000×1000 スイッチを構成する．①最低接点数と②その場合の接点削減率を求めよ．
2.7 $n = m = s = 50$, $k = t = 20$ の 1000×1000 スイッチを考える．閉塞確率が0.01％以下となるトラヒック負荷 p を求めよ．
2.8 Hi-Fiオーディオ信号では，音声信号を44.1 kHzで標本化し，これを16ビットで符号化する．ステレオ信号の場合の符号化後の伝送速度を求めよ．
2.9 時間スイッチに関するつぎの問いに答えよ．
   (1) 下記のキーワードを用いて，時間スイッチの構成原理図（必要ならば複数）を描き，そのスイッチング手順を説明せよ．
   〔キーワード：時分割多重化装置，分界装置，通話メモリ，シーケンシャルカウンタ，制御用メモリ，入力ハイウェイ，出力ハイウェイ〕
   (2) 格子スイッチと比較して，時間スイッチがもつ特徴を二つ挙げよ．
2.10 空間スイッチで利用される時分割スイッチと空間分割スイッチでの開閉スイッチの違いを述べよ．
2.11 T-S-T構成とS-T-S構成を比較したとき，T-S-T構成のほうが有利な点を挙げよ．

第3章　パケット交換技術

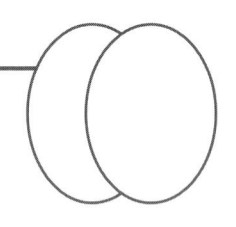

IPネットワークでは，交換機をルータやスイッチとよぶ．これらの装置で使われるスイッチング技術は，パケット交換である．パケット交換はコンピュータネットワークのために開発されたもので，電話ネットワークとはまったく別の技術であると思われているが，スイッチング技術の内容をみてみると，回線交換で開発された技術が驚くほど多く利用されている．技術は，いくつもの異なった技術がより合わされて発展するものであるとつくづく感じる．

本章では，IPネットワークで利用される高速ルータを中心に，その技術内容を説明する．

3.1　IPネットワーク

1969年の米国国防省によるARPAnetの運用開始を踏まえて，1976年にCCITT（現在のITU-T）は勧告X.25としてデータ端末とネットワーク間インターフェイス規格を制定した．この勧告に基づいて，1980年NTTはDDX（digital data exchange）パケット交換サービスを開始した．日本ではじめて，公衆パケット交換サービスが開始されたのである．X.25パケット交換サービスは，ネットワークノード間で毎回伝送確認を行うこととしていたため，最大速度48 kbpsという低速インターフェイスで提供された．光ファイバ通信のような品質のよい伝送システムが普及すると，TCP/IPのようにエンド-エンド間で伝送確認すればよしとするプロトコルのほうが格段に効率のよいことがインターネットの普及で証明され，X.25パケット交換サービスは1990年代にほぼ停止されたと考えられる．

そこで，パケット交換技術のプロトコル群としては，本章ではTCP/IPを中心に説明する．

3.1.1 TCP/IP
(a) 階層構造

TCP/IP というと，一般には **TCP**（transport control protocol），**IP**（internet protocol）などを含むプロトコル群全体を意味する．OSI 参照モデルでの階層構造と比較して，図 3.1 に示す．**OSI 参照モデル**とは，ISO（International Standardization Organization：国際標準化機構）で標準化された**開放型システム間相互接続の基本参照モデル**（open systems interconnection – basic reference model）のことである．より簡単な構造としている TCP/IP のほうが事実上の標準（defacto standards）として普及しているため，OSI 参照モデルは残念ながらあまり利用されていない．

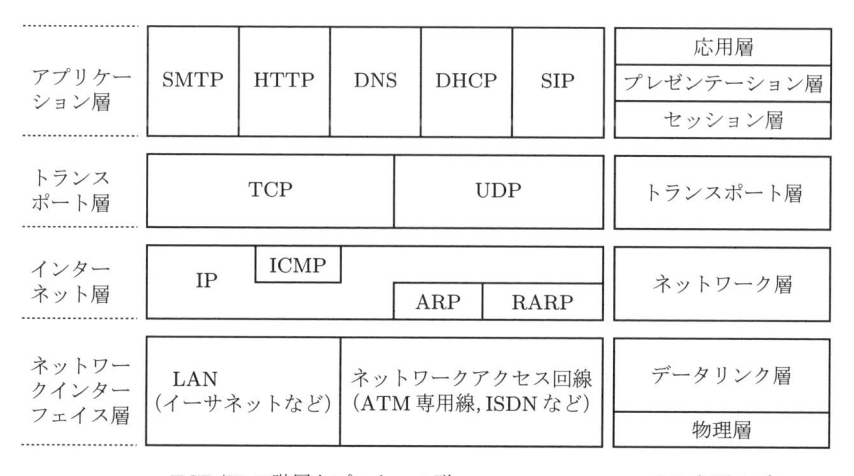

アプリケーション層	SMTP	HTTP	DNS	DHCP	SIP	応用層
						プレゼンテーション層
						セッション層
トランスポート層	TCP			UDP		トランスポート層
インターネット層	IP	ICMP				ネットワーク層
			ARP	RARP		
ネットワークインターフェイス層	LAN（イーサネットなど）		ネットワークアクセス回線（ATM 専用線, ISDN など）			データリンク層
						物理層
TCP/IP の階層とプロトコル群						OSI 参照モデル

図 3.1 TCP/IP の 4 階層と OSI の 7 階層の関係

各階層の内容は，つぎのとおりである．

(1) **ネットワークインターフェイス層**：OSI 参照モデルでの物理層とデータリンク層に対応する．標準化された LAN やインターネットへのアクセス回線がこの層での機能を実現する．

(2) **インターネット層**：ネットワーク間でパケットを転送する方法や通信経路を選択する方法を規定する．IP アドレスと下位のデータリンク層アドレスとの変換を行う ARP（address resolution protocol）や RARP（reverse ARP），制御パケットの交換や転送を行う ICMP（internet control message protocol）などがこの層に含まれる．

(3) **トランスポート層**：エンド - エンド間で要求された通信品質を確保するためのコネクション機能や制御方法を規定する．コネクション指向形の通信路を提供するTCPと，コネクションレス形の通信路を提供する**UDP**（user datagram protocol）がある．

(4) **アプリケーション層**：OSI参照モデルにおけるセッション層とプレゼンテーション層に相当する階層がなく，アプリケーション層はトランスポート層のサービスを直接受ける．実際のところセッション層とプレゼンテーション層の機能を利用するアプリケーションが少ないためである．図3.1ではネットワークサービスに近いアプリケーションを示した．概要はつぎのとおりである．

①**SMTP**（simple mail transfer protocol）：電子メールや電子掲示板に利用されるメッセージ転送を行うプロトコルである．

②**HTTP**（hyper text transfer protocol）：**HTML**（hyper text mark-up language）で書かれた**WWW**（world wide web）サーバ内の文書を転送するプロトコルである．

③**DNS**（domain name system）：階層化されたドメイン名とIPアドレスとを変換するプロトコルである．

④**DHCP**（dynamic host configuration protocol）：クライアントホストに対してIPアドレスの自動割当を行うプロトコルである．

⑤**SIP**（session initiation protocol）：IP上で電話接続の制御，すなわち接続確立，変更および終了を行うプロトコルである．

通信処理を行う端末（以下ホストとよぶ）では，情報が一つ下の層へ転送されると，下位層では渡された情報すべてをデータとして扱い，データにその層でのヘッダを付与する．これを**カプセル化**とよぶ．図3.2に，TCP/IPのプロトコル階層とデータのカプセル化の関係を示す．最上位層のユーザデータには，アプリケーション（AP）によりAPヘッダがつけられてTCPに渡される．TCPではAPヘッダをつけたユーザデータすべてをアプリケーションデータと認識してTCPヘッダをつけ，下位層であるIPに渡す．

各層のデータ単位には，区別するためにそれぞれ別の名前がつけられており，TCPがIPに渡すデータ単位を**TCPセグメント**（segments），IPがイーサネットに渡す単位を**IPデータグラム**（datagrams），イーサネットでの単位をフレーム（frames）とよぶ．

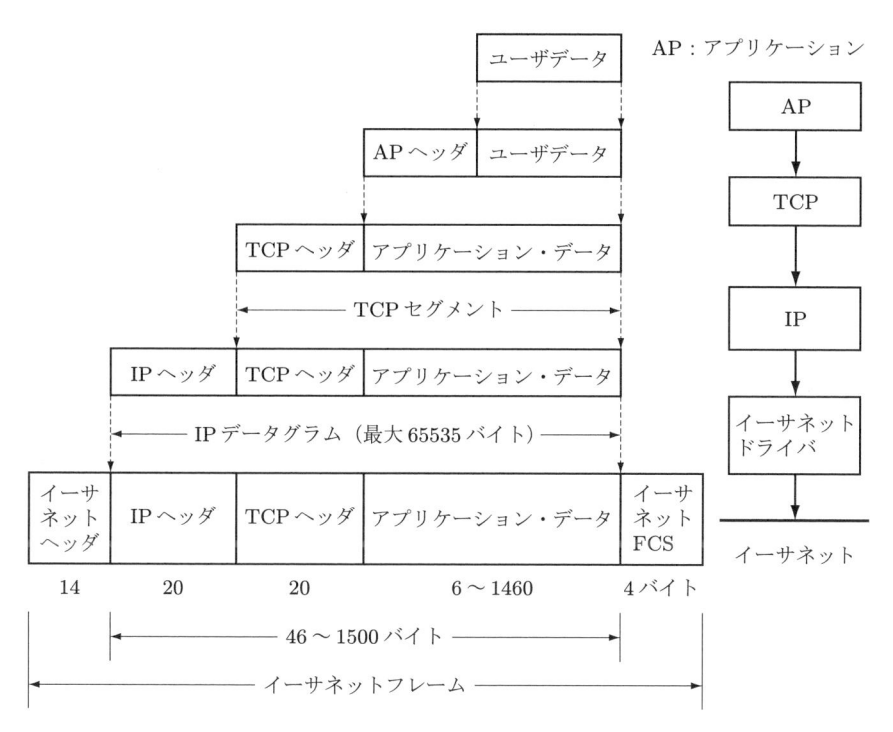

図 3.2 プロトコル階層とデータのカプセル化

(b) IPv4

インターネット層は，LAN などデータリンク層のネットワーク間におけるパケット転送を扱う．いくつかのネットワークを経て，あて先端末までパケットを転送することがこの層の目的である．したがって，パケット交換機といえば，インターネット層にて LAN 間接続を行う機器である**ルータ**（routers）を通常はいう．

ルータは，IP ヘッダにあるあて先アドレスに対してパケット転送経路を検索する．最近では，高速スイッチ回路を利用し，MAC アドレスと IP アドレスで経路を選択するルータ製品が登場して，それをレイヤ 2/3 スイッチとよび，さらに TCP ヘッダのポート番号やアプリケーション種別で切り換えを行うレイヤ 4 スイッチ，レイヤ 7 スイッチまで登場している．これらの製品もパケット交換機の範疇といえるだろうが，基本は IP で動作する．

IP 第 4 版（RFC791：以下 **IPv4** という）のヘッダ構成を図 3.3 に，IPv4 ヘッダにおける各フィールドの内容を表 3.1 に，それぞれ示す．ルータは，あて先アドレスなどにより経路選択を，サービスタイプにより QoS 制御を行う．

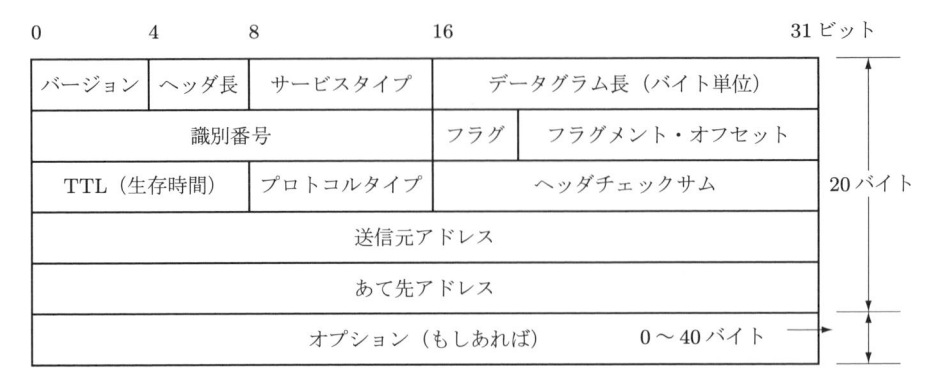

```
 0      4      8              16                          31 ビット
┌────────┬──────┬──────────────┬──────────────────────────┐  ↑
│バージョン│ヘッダ長│ サービスタイプ │ データグラム長（バイト単位）│  │
├────────┴──────┴──────────────┼──────┬───────────────────┤  │
│         識別番号              │ フラグ │ フラグメント・オフセット │  │
├──────────────┬──────────────┼──────┴───────────────────┤ 20バイト
│ TTL（生存時間）│ プロトコルタイプ│     ヘッダチェックサム     │  │
├──────────────┴──────────────┴──────────────────────────┤  │
│                        送信元アドレス                       │  │
├────────────────────────────────────────────────────────┤  │
│                        あて先アドレス                       │  │
├────────────────────────────────────────────────────────┤  ↓
│            オプション（もしあれば）         0～40バイト       │
└────────────────────────────────────────────────────────┘
```

図 3.3 IPv4 のヘッダ構成

表 3.1 IPv4 ヘッダにおける各フィールドの内容

項目	ビット数	内容
バージョン	4	IP のバージョンを示す．図 3.3 はバージョン 4 であるので，4 となる．
ヘッダ長	4	オプションを含むヘッダの 32 ビット（1 列）ワードの数を示す．
サービスタイプ	8	サービス品質を示す．最初の 3 ビットは優先度（precedence）を表す．
データグラム長	16	IP データグラム全長をバイト単位で表す．
識別番号	16	送信ホストが，各データグラムに付与する番号である．
フラグ	3	フラグメントの際，利用される．
フラグメント・オフセット	13	当該フラグメントが，元のデータグラムのどの位置にあるかを示す．
生存時間（TTL）	8	データグラムが通過できるルータの数の制限を与えている．
プロトコルタイプ	8	当該データグラムを利用している上位層のプロトコルを示す．
ヘッダチェックサム	16	ヘッダ部のみの誤り検出用フィールドである．
送信元アドレス	32	送信元ホストの IP アドレスである．
宛先アドレス	32	宛先ホストの IP アドレスである．
オプション	可変	0～40 バイトの可変長オプション情報である．

アドレス長は 32 ビットであり，ネットワーク番号とホスト番号とに分割する形式をとっている．分割の境界はネットワークのクラスにより異なり，アドレスの先頭ビットによりクラスを識別する．図 3.4 に，ホストに割り当てられるアドレスでのクラス分けを示す．図 3.4 のクラス分けでは，クラス A や B において一つのネットワークに属するホスト数があまりにも膨大となり無駄が生じるため，さらにネットワークを分割する**サブネット割り付け**が規定されている．図 3.5 に，サブネット割り付けの例を示す．クラス B のホスト番号 16 ビットのうち，上 8 ビットをサブネット番号にあて，ネットワーク番号を全部で合計 24 ビットとしている．

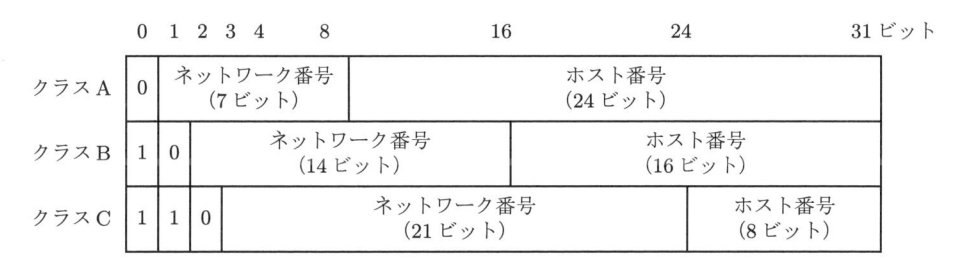

クラス	0	1 2 3 4	8	16	24	31 ビット
クラス A	0	ネットワーク番号 (7 ビット)		ホスト番号 (24 ビット)		
クラス B	1	0	ネットワーク番号 (14 ビット)		ホスト番号 (16 ビット)	
クラス C	1	1 0	ネットワーク番号 (21 ビット)			ホスト番号 (8 ビット)

図 3.4 IPv4 アドレスのクラス分け

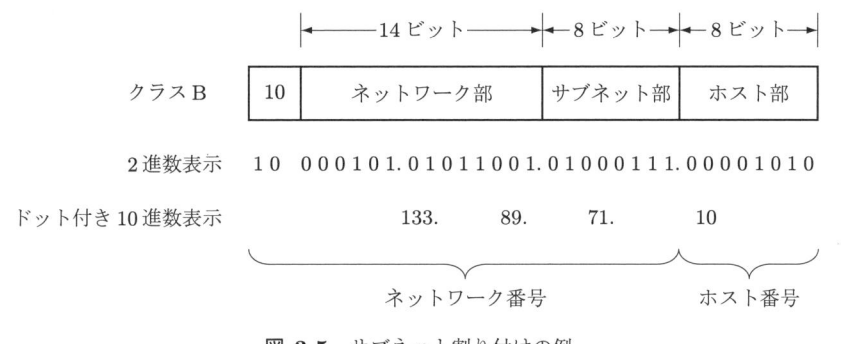

		←――14 ビット――→	←8 ビット→	←8 ビット→
クラス B	10	ネットワーク部	サブネット部	ホスト部
2 進数表示	10	000101.01011001.	01000111.	00001010
ドット付き 10 進数表示		133.　　89.	71.	10

ネットワーク番号／ホスト番号

図 3.5 サブネット割り付けの例

また，32 ビットの IP アドレスを "0" と "1" のビット列で表すのはわかりにくいので，通常は 8 ビットずつをドットで区切り，さらに 10 進数で表現する．これを，ドットつき 10 進数表示といい，例を図 3.5 に示している．

(c) IPv6

32 ビットのアドレス長では，高々 43 億個のアドレス数しか確保できないので，早くから IPv6 (IP 第 6 版：RFC2460) へ移行することが必然のようにいわれてきた．

2005年くらいからIPv6対応のルータ製品が販売されるようになり，NGNでの転送プロトコルとしてIPv6が本命視されるようになって，ようやくIPv6ネットワークサービスが開始されるようになった．

IPv6ヘッダ構成を図3.6に，そのフィールド内容を表3.2に示す．IPv4ヘッダと比較すると，ヘッダ長が40バイトと2倍の長さであるが，フィールド数が少なく，より単純な構成となっている．クラスとフローラベルにより，輻輳時における廃棄処理の優先度や，リアルタイム通信を実現するための転送の優先度を細かく設定することが可能である．また，直後に8バイトの整数倍の長さとなる拡張ヘッダを複数個つけることができる．拡張ヘッダは，通信する相手が正しい相手かどうかを確認する認証や，通信内容を経路途中で盗聴されたり改ざんされたりすることを防ぐ暗号化のための実装に利用される．

アドレス長は，128ビットとIPv4の4倍であり，とりうるアドレス数は3×10^{38}

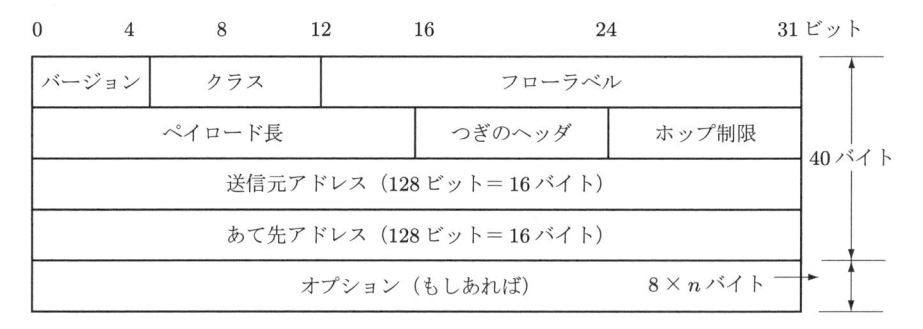

0	4	8	12	16	24	31 ビット
バージョン	クラス		フローラベル			
ペイロード長				つぎのヘッダ		ホップ制限
送信元アドレス（128ビット＝16バイト）						
あて先アドレス（128ビット＝16バイト）						
オプション（もしあれば）						$8 \times n$バイト

（全体：40バイト）

図 3.6 IPv6のヘッダ構成

表 3.2 IPv6ヘッダにおける各フィールドの内容

項目	ビット数	内容
バージョン	4	IPのバージョンを示す．バージョン6であるので，6となる．
クラス	8	トラヒック輻輳時に，廃棄処理の優先度を設定する．
フローラベル	20	サービス品質やリアルタイムサービス処理のための識別子である．
ペイロード長	16	ヘッダに続くデータ部の長さを表す．
つぎのヘッダ	8	ヘッダのつぎに続く拡張ヘッダのための識別子である．
ホップ制限	8	IPv4のTTL（time to live）と同じ用途に利用される
送信元アドレス	128	送信元ホストのIPアドレスである．
宛先アドレス	128	宛先ホストのIPアドレスである．

個と無尽蔵といってよい数である．ホストに振られるアドレス構成を，図 3.7 に示す．上位 64 ビットをネットワークアドレス，下位 64 ビットをホストアドレスに固定している．ネットワークアドレスのうち，上位 48 ビットは通常 **ISP**（internet service providers：インターネット接続サービスプロバイダー）から割り当てられるもので，**グローバル・ルーチング・プレフィックス**（global routing prefix）という．つぎの 16 ビットは，ユーザネットワークでのサブネットを識別するための**サブネット ID** である．ホストアドレスは，インターフェイスボードの MAC アドレスなどからホストが自動生成するもので，**インターフェイス ID** という．

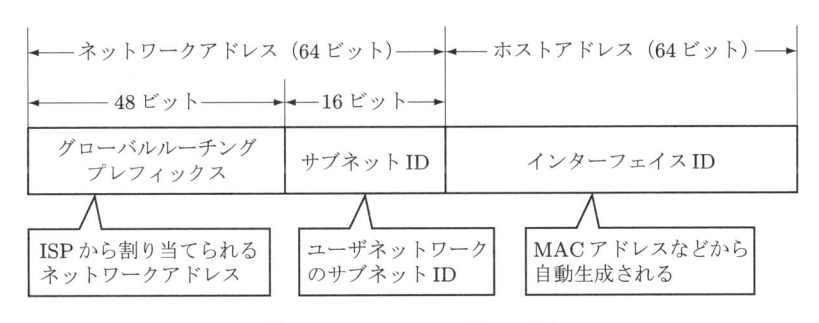

図 3.7 IPv6 でのアドレス構成

128 ビットのアドレスはきわめて長いので，16 ビットごとに":"で区切り，16 進数で書くように決められている．さらに短く表示するために，連続する 0 のブロックは省略でき，"::"で表す．たとえば，グローバル・ルーチング・プレフィックスは"2001:DB8:1234::/48"となる．

3.1.2　ネットワーク構造

図 3.8 に，インターネット接続サービスを提供する ISP やアクセス回線を提供する通信事業者における IP ネットワーク構成の例を示す．機能要件や性能，接続回線数の違いから構成するルータに各種名称がつけられているが，製品ベースでの名称であり，きちんと定義されたものではない．しかしながら，ほぼ定着されたものであるので，以下これらの名称で説明する．

ISP のネットワークは，パケット転送のみを高速で行う**コアルータ**と他ネットワークとの接続に用いられる**エッジルータ**から構成される．エッジルータは，機能要件によるが，QoS 制御，端末認証によるアクセス制御，流入制限，転送プロトコル変換などを行い，いわばネットワークの門番の役目をする．エッジルータへは，一般家庭で

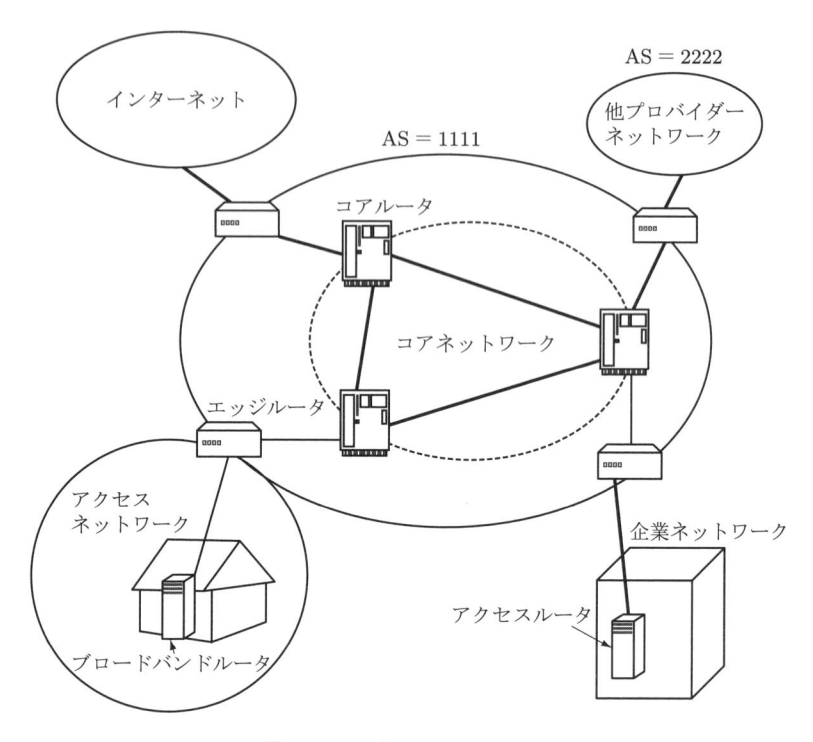

図 3.8 IP ネットワークの構成

用いる**ブロードバンドルータ**や，企業ネットワークの窓口である**アクセスルータ**などが接続される．これらのルータでは，配下のホストにプライベートアドレスを割り付ける DHCP 機能やアドレス変換を行う NAT（network address translation）機能などが具備される．

このように，ルータには，利用目的に沿ってさまざまな機能が付加されるが，基本機能はパケット交換である．すなわち，**ルーチング**（routing）と**フォワーディング**（forwarding）である．

ルーチングとは，パケットのあて先アドレスから最適な経路を見出す機能であり，**経路表**（routing table）を検索することにより実施する．表 3.3 に，RIP（routing information protocol）で利用する経路表の例を示す．あて先アドレスに対して，出力ポート，つぎに到着するルータ（ホップという）アドレス，およびあて先に到着するまで経由するルータ数（ホップ数）が表示される．あて先エントリー（entries：記入欄）は数 10 万行に及ぶ場合があり，検索時間短縮のためにさまざまなアルゴリズムやプロトコルが開発されている．

表 3.3 経路表

あて先アドレス	出力ポート	つぎのホップ	ホップ数
1.2.3.4.	1.1.1.1	1.1.1.20	5
1.1.3.0	1.1.2.1	1.1.2.30	3
…	…	…	…
0.0.0.0	1.1.1.1	1.1.1.10	2

フォワーディングとは，ルーチングにより指定されたポートにパケットを転送する機能であり，このときにヘッダ書き換えを行う．具体的には，ヘッダチェックサムの確認と再計算，TTL（time to live）の書き換え，フラグメント処理，NAT 処理などである．

ISP や大学法人などが構築して保有し，統一的な管理を行っているネットワークを **AS**（autonomous systems：自律システム）という．AS は，いくつかの AS と接続されて全体としては地球規模のネットワークを形成している．AS 間のルーチングプロトコルには **BGP**（border gateway protocol）が利用されており，各 AS には 16 ビットの AS 番号が付与されている．BGP で用いる経路表におけるエントリー数の年変化を，図 3.9 に示す．1999 年における 5 万エントリーから 2009 年には 29 万エントリーに，10 年間に約 6 倍の増加をみせている．年々，ルータの処理能力を増加させる必要に迫られていることが理解される．

3.2 IP 電話

IP ネットワークを用いて電話サービスが人に違和感なく行えることが判明した時点で，通信ネットワークの IP 化が本格化した．電話サービスは通信の基本であり，電話を除外して情報通信ネットワークを語ることはできない．IP 電話を行うには，IP ネットワークに接続された **IP 電話アダプタ**（**VoIP ゲートウェイ**ともよぶ）またはブロードバンドルータを用いる．パソコンと音声アダプタとの組み合わせで電話機能を実現する方法もあるが，いわゆる電話専用機を用いて会話する形態を基本として説明する．

IP 電話により会話を実行するためには，呼制御プロトコルと音声転送機能が必要である．**呼制御プロトコル**とは，電話機とネットワーク間や接続されるネットワーク間で交換される制御信号のやり取りを経て，通話回線を確立するまでのプロトコルである．**音声転送機能**とは，発信側では音声情報をディジタル化し，IP パケットに格納し

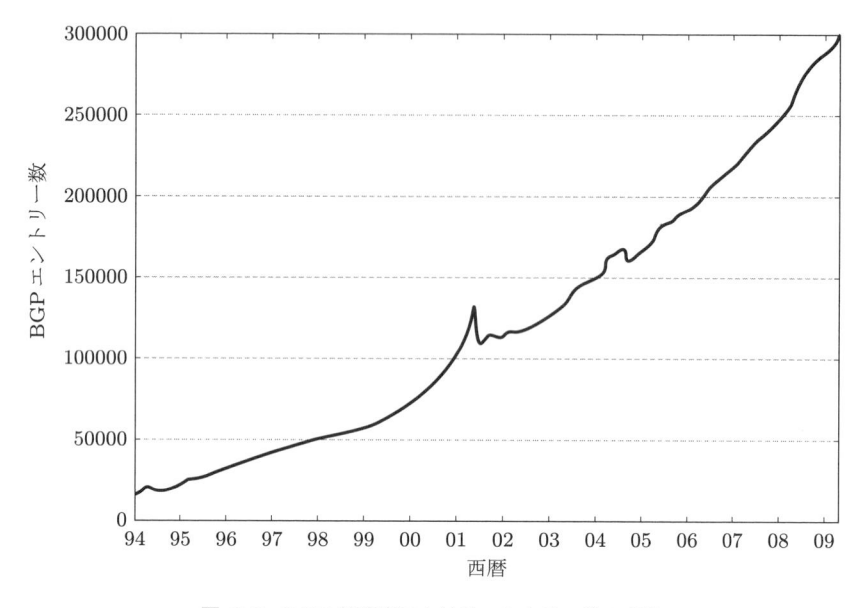

図 3.9 BGP 経路表におけるエントリー数の変化

て IP ネットワークに転送する，着信側では受信した IP パケットを復号し音声情報とする機能である．ネットワークでは音声パケットのリアルタイム転送を実現し，着信側で転送時間ゆらぎ修正や，欠落した情報の補間などを実行することが大切である．

IP 電話の呼制御プロトコルに SIP を用いた場合のプロトコル階層を，図 3.10 に示す．呼制御と回線管理を実行するために UDP 上の SIP がある．メディアの種類やコーディック種別の通知には，TCP 上の **SDP**（session description protocol）を利用する．音声転送には UDP 上の **RTP**（real-time transport protocol）と **RTCP**（RTP control protocol）を用い，音声の符号化には伝送速度 64 kbps の G.711 や 8 kbps の G.729 などが利用される．UDP は，確認応答やフロー制御がなく，ヘッダが小さいためリアルタイム転送を実現するには有利であることから利用される．

3.2.1 呼制御

(a) 各構成要素の機能

SIP において呼制御を実行するのは，IP ネットワーク内にある **SIP サーバ**である．SIP サーバは，電話ネットワークにおける電話交換機の役割を，IP 電話アダプタやゲートウェイ装置と分割して担う．IP 電話サービスを実現する各構成要素におけるおもな機能を，図 3.11 に示す．

```
呼制御と管理  音声転送
┌─────┬─────┐
│ SDP │ G.7xx │
├─────┼─────┤
│ SIP │RTP/RTCP│
├─────┼─────┤
│ TCP │ UDP │
├─────┴─────┤
│    IP     │
└───────────┘
```

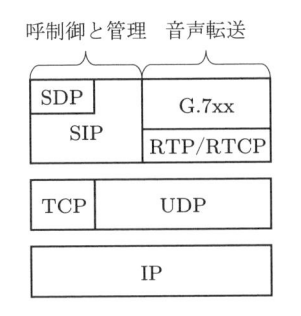

SIP　: session initiation protocol
SDP　: session description protocol
G.7xx : G.711(64kbps), G.729(8kbps)など
RTP　: real-time transport protocol
RTCP : RTP control protocol

図 3.10 SIP を用いた IP 電話のプロトコル階層

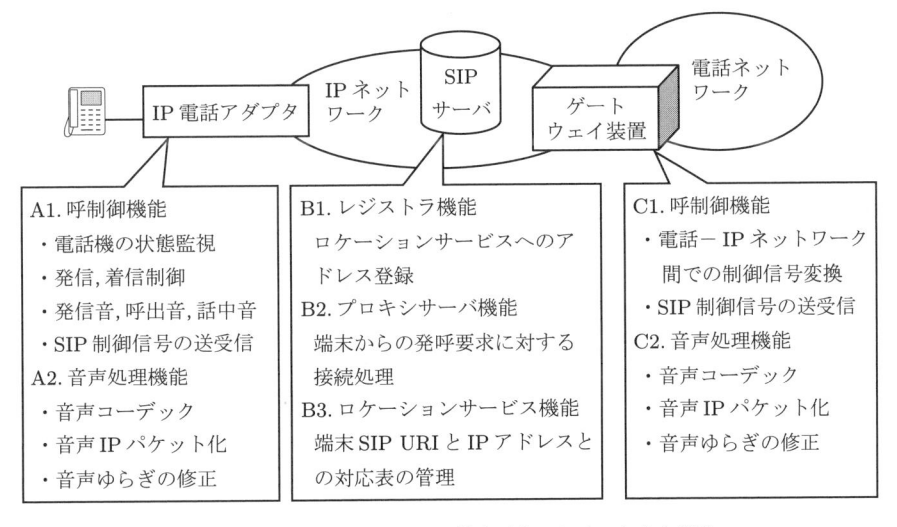

```
                IPネット   SIP   電話ネット
                ワーク    サーバ  ワーク
 [電話]─[IP電話アダプタ]──○──◎──[ゲート
                                  ウェイ装置]──○
```

A1. 呼制御機能	B1. レジストラ機能	C1. 呼制御機能
・電話機の状態監視	ロケーションサービスへのアドレス登録	・電話－IP ネットワーク間での制御信号変換
・発信, 着信制御		・SIP 制御信号の送受信
・発信音, 呼出音, 話中音	B2. プロキシサーバ機能	C2. 音声処理機能
・SIP 制御信号の送受信	端末からの発呼要求に対する接続処理	・音声コーデック
A2. 音声処理機能		・音声 IP パケット化
・音声コーデック	B3. ロケーションサービス機能	・音声ゆらぎの修正
・音声 IP パケット化	端末 SIP URI と IP アドレスとの対応表の管理	
・音声ゆらぎの修正		

図 3.11 IP 電話サービスの構成要素におけるおもな機能

IP 電話アダプタは，電話交換機における加入者回路の役目と SIP クライアントとしての役割をする．(A1) 呼制御機能とは，BORSCHT 機能のほとんどと SIP 制御パケットの送受信である．(A2) 音声処理機能とは，C 機能と IP パケット化，メモリバッファによる音声ゆらぎの修正などである．

SIP 制御パケットでは，電話番号は **SIP URI** (uniform resource identifier) という識別形式に変換される．SIP URI は，"sip:0612345678@osakac.ac.jp" や "sip:mura@osaka.ne.jp" のように，"sip:" のあと電話番号やユーザ名，@マーク，ドメイン名と続く表現であり，メールアドレスと似ている．この SIP URI で SIP サーバを指定する．

SIPサーバは，(B1) レジストラ機能，(B2) プロキシサーバ機能，および (B3) ロケーションサービス機能を担う．小規模なネットワークでは1台のサーバですべての機能を実行するが，大規模なネットワークとなると機能別にサーバが用意される．(B1) レジストラは，接続端末からの通知を受けてロケーションサービスへアドレスを登録する．このとき，SIP URI は IP アドレスの対応情報として登録される．(B2) プロキシサーバは，端末からの呼び出し要求を受けてロケーションサービスであて先 IP アドレスを探索し，要求を相手端末に転送することを行う．(B3) ロケーションサービスは，接続端末の SIP URI と IP アドレスとの対応表を管理し，プロキシサーバからのアドレス問い合わせに回答する．

　ゲートウェイ装置は，電話ネットワークと IP ネットワークとを接続するためのものであり，おもな役割は IP 電話アダプタと同じである．違いは，電話ネットワークにおいて利用される共通線信号と SIP での呼制御信号との変換を行うことである．

(b) 接続手順

　電話ネットワークにおいて，ダイヤルを回してから会話が始まるまでには，電話と交換機との間では，図 3.12 のように，制御信号のやり取りが行われる．同じ電話機を IP 電話として利用する場合には，電話機からは同じ手順での制御信号が流れる．図 3.12 における電話交換機の役目は，IP ネットワークでは IP 電話アダプタと SIP サーバが果たす．

　SIP サーバにより会話が開始されるまでの手順を，図 3.13 に示す．発信音，呼出音の送信など，加入者回路の役割を IP 電話アダプタが受けもつ．IP 電話アダプタは，③電話番号を電話機より送られると，電話番号を SIP URI に変換して SIP サーバに呼び出し要求（これを INVITE メッセージという）をする．SIP サーバでは，ロケーションサービスに問い合わせて SIP URI を IP アドレスに変換し，相手の IP 電話アダプタに INVITE メッセージを送る．同時に，発信元 IP アダプタには処理中であることを示す 100 Trying メッセージを送る．

　着信側の IP 電話アダプタは，INVITE メッセージを受け取ると呼出音を送信すると同時に，呼び出し中であることを知らせる 180 Ringing メッセージを SIP サーバに送る．さらに，受話器が上げられたことを確認すると，呼び出し成功を知らせる 200 OK メッセージを送る．会話が開始されれば，音声転送は SIP サーバを経由せず IP 電話アダプタどうしで直接やり取りされる．

　切断するときには，SIP サーバを介して，切断を知らせる BYE メッセージと切断了解を知らせる 200 OK メッセージのやり取りをする．BYE メッセージにより，SIP

3.2 IP 電話　57

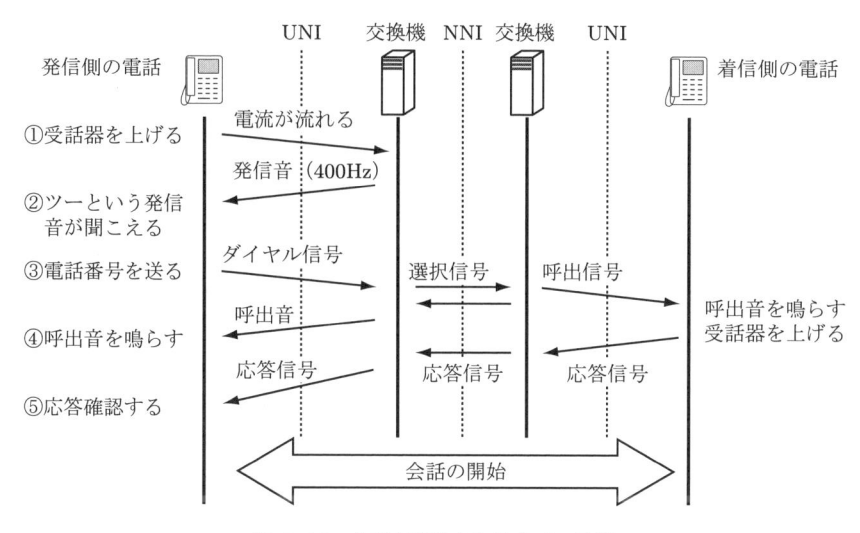

図 3.12　会話が開始されるまでの手順

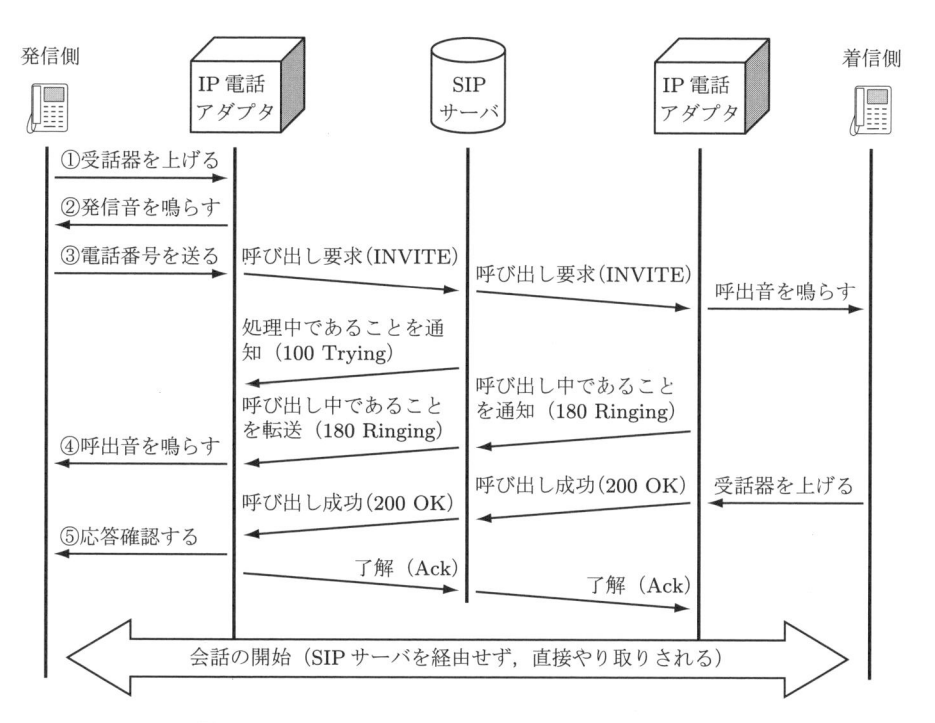

図 3.13　SIP サーバにより会話が開始されるまでの手順

サーバは通話の終了を知る．

3.2.2 音声パケット転送

音声情報は，**RTP** パケット内に格納され転送される．RTP ヘッダは，UDP ヘッダに続く 12 バイトのフィールドであり，フィールドには，タイムスタンプ 32 ビットとシーケンス番号 16 ビットがある．受信側 IP 電話アダプタは，タイムスタンプによりパケットが送信された時刻を知る．この時刻により音声信号を取り出す時間を調整し，到着時間ゆらぎを軽減する．また，シーケンス番号により，パケット損失を知り，損失補償のために音声波形の修正を行う．UDP ヘッダにはシーケンス番号フィールドがないため，RTP ヘッダに必要となる．

IP ネットワークには音声品質を劣化させる多くの問題があり，その対策が必要である．劣化要因を，大きく分類すると，①遅延，②パケットごとの到着時間ゆらぎ（ジッタという），および③パケット損失である．

遅延とは，会話中に音声を発してから相手に聞こえるまでの時間である．図 3.14 に，IP ネットワーク上での音声情報転送における遅延発生の原因を示す．このうち，技術的には解決することができない，いわば物理的な原因は，伝送遅延，符号化・復号化遅延，およびパケット化遅延である．伝送遅延とは，信号が伝送媒体を伝播する時間である．符号化・復号化遅延とは，アナログ音声信号をディジタル化する，またはそ

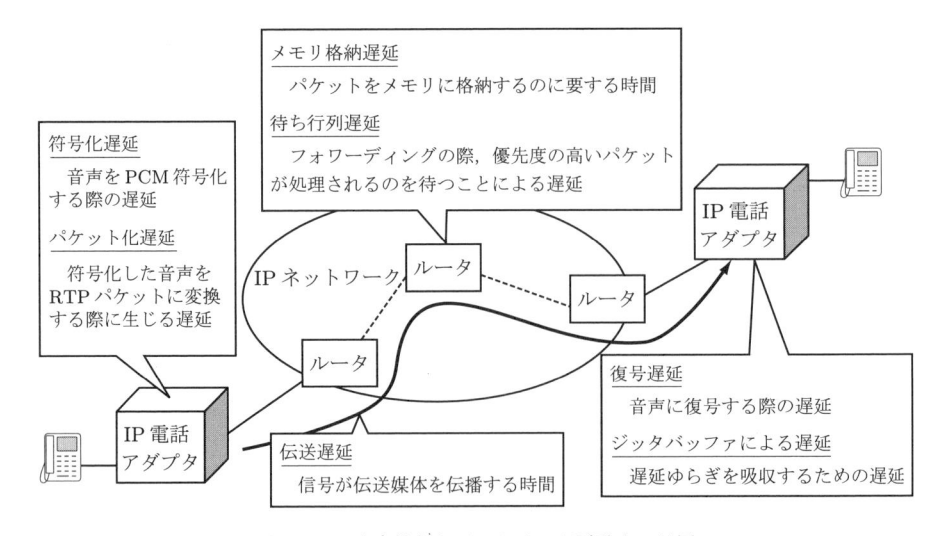

図 3.14 音声情報転送における遅延発生の原因

の逆における際の遅延であり，標本化周期で遅延は発生する．標本化するまで音声を溜め込むので，その時間は遅延する．パケット化遅延とは，パケット化周期で生じる遅延である．音声情報を1パケットに格納する間は，転送することができないため発生する．

ルータにおいては，パケットをメモリに格納するのに要する時間，ルーチング・フォワーディング処理にともなう遅延，優先度の高いパケットが処理されるのを待つための待ち行列遅延，などが発生する．これらを小さくすることは技術的に可能であり，ルータの性能を向上させれば，これらの遅延は小さくなる．

例 3.1 ▶ メモリ格納に要する時間

図 3.15(a) のように，伝送速度 B_c でメモリに入力するパケットのパケット長が L_p ビットのとき，パケットがメモリ格納されるのに要する時間は L_p/B_c である．たとえば，伝送速度 100 Mbps で入力する 1000 バイト長のパケットが要する時間は，次式で計算される．

$$\frac{1000 \times 8}{100 \times 10^6} = 80 \times 10^{-6} = 80\,[\mu\mathrm{s}]$$

図 3.15(b) に，パケット長に対する格納時間を示す．パケット長に比例して増加するが，伝送速度には反比例で減少する．すなわち，伝送速度を高速化すると，格納時間は格段に減少する．

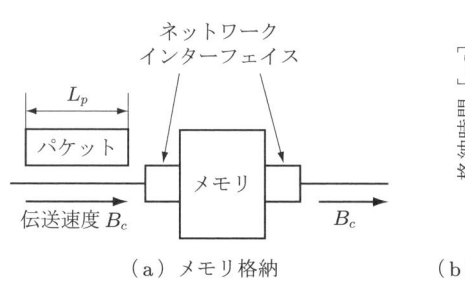

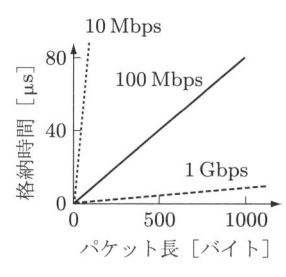

図 3.15 メモリ格納に要する時間

3.3 高速ルータの構成

1.4 節で述べたように，第一世代のルータは，汎用コンピュータ上で動作するアプ

リケーションの一つであった．第二世代では，スループットを高めるために，ルータ専用機とする構成になった．具体的には，ネットワークインターフェイスに加えて経路キャッシュとバッファメモリを具備したラインカードに高機能化して，パケットが内部バスを経由する回数を減らすようにした．現在の高速ルータは，第三世代となる．ラインカードに経路表メモリと検索機能をもたせ，セルスイッチを用いてさらに高速化を図っている．

3.3.1 基本構成

第三世代となる高速ルータの機能要素を，図 3.16 に示す．基本構成は，図 (a) に示すように，さまざまな通信回線に接続されるラインカード，スイッチ回路，中央処理装置（CPU）および主メモリである．

ラインカードの機能要素を，図 (b) に示す．ネットワークインターフェイス機能（通常はイーサネット MAC）とスイッチインターフェイス機能のほか，フォワーディング機能を受けもつ転送エンジンと経路表を保持するルートキャッシュが，ラインカードに具備される．また，ラインカードは，入力と出力の双方向インターフェイスであり，パケットバッファメモリをもつ．

ラインカードの転送エンジンと CPU は，パケットの種類により処理を分担する．種類の区分けは，**速いパス**（fast path）と**遅いパス**（slow path）という分類である．速いパスとは，遅延に厳しい要求があるパケットをいい，これはラインカードが処理する．遅いパスとは，少々の遅延は許されるパケットをいい，これはスイッチ回路を経由して CPU が処理する．

速いパスには，ルータによって転送される IP パケットや ARP などの速い処理が必要な制御パケットが含まれる．これらのパケットに対して，ラインカードの転送エンジンがフォワーディング処理を行う．具体的には，バージョン，チェックサム計算などの IP パケット内容確認，あて先アドレス確認とそのアドレスに対する経路検索，TTL 確認と書き換え，および QoS 制御，端末認証，暗号化，フィルタリング処理など特別要件対応である．経路表は，定期的に CPU によって新しく書き換えられる．また，ルートキャッシュに保存していない経路は，CPU に問い合わせる．

遅いパスは，RIP，OSPF（open shortest path fast），BGP などの経路情報パケット，ICMP，IGMP（internet group management protocol）などのネットワーク制御パケット，SNMP などのネットワーク管理パケットなど，ルータ自身があて先となっているパケットがおもなものである．これらパケットを受けて，CPU は，主メモリに

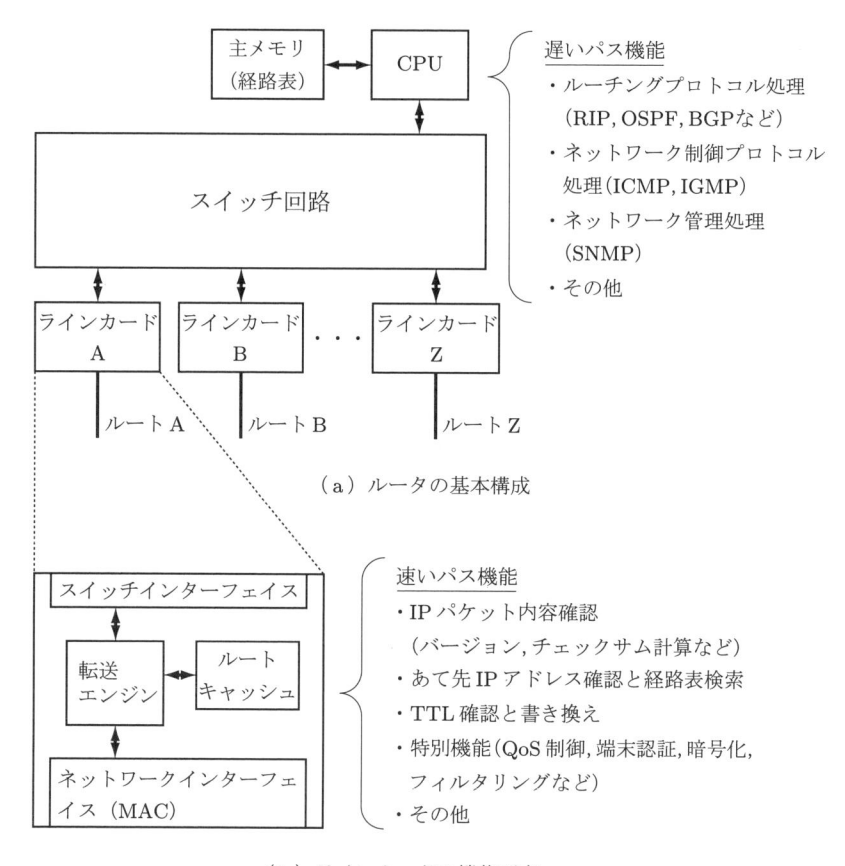

```
                ┌─────────┐
        ┌──────→│ 主メモリ │←→┌─────┐    ┐ 遅いパス機能
        │       │(経路表) │   │ CPU │    │ ・ルーチングプロトコル処理
        │       └─────────┘   └──┬──┘    │   (RIP, OSPF, BGPなど)
        │                        │        │ ・ネットワーク制御プロトコル
┌───────┴────────────────────────┴──────┐ │   処理(ICMP, IGMP)
│                                        │ │ ・ネットワーク管理処理
│            スイッチ回路                 │ │   (SNMP)
│                                        │ │ ・その他
└──┬──────────┬─────────────┬───────────┘ ┘
   │          │             │
┌──┴──┐    ┌──┴──┐       ┌──┴──┐
│ライン│    │ライン│  ...  │ライン│
│カード│    │カード│       │カード│
│  A  │    │  B  │       │  Z  │
└──┬──┘    └──┬──┘       └──┬──┘
   │          │             │
  ルートA    ルートB        ルートZ
```

(a) ルータの基本構成

```
┌──────────────────┐
│ スイッチインターフェイス │           ┐ 速いパス機能
└────────┬─────────┘           │ ・IPパケット内容確認
         │                     │   (バージョン,チェックサム計算など)
┌────────┴─┐  ┌──────┐         │ ・あて先IPアドレス確認と経路表検索
│  転送    │←→│ ルート│         │ ・TTL確認と書き換え
│ エンジン  │  │キャッシュ│        │ ・特別機能(QoS制御,端末認証,暗号化,
└────────┬─┘  └──────┘         │   フィルタリングなど)
         │                     │ ・その他
┌────────┴─────────┐           ┘
│ネットワークインターフェ│
│  イス (MAC)       │
└──────────────────┘
```

(b) ラインカードの機能要素

図 3.16 高速ルータの機能要素とその内容

保存している経路表の書き換えとラインカードのルートキャッシュへ経路表の定期的な転送を行い，制御パケットの処理やネットワーク管理処理などを行う．

3.3.2 入力待ち行列形と出力待ち行列形

図 3.16(a) に示すスイッチ回路の動作原理を説明することが，この章のねらいである．ラインカードは入出力インターフェイスであるので，ラインカード数を n とすると，これは $n \times n$ のスイッチ回路である．

ルータに到着し，転送されるパケットは，イーサネットを例にとると，64〜1518 バイトの範囲内で自由な長さを選択できる可変長パケットである．しかし，高速スイッチングを実現するために，第三世代のルータにおける一般的な実装では，可変長パケッ

トは短い固定長のセルに区切りされて，スイッチ回路に転送される．さらに，スイッチ回路への入力は各ラインカードが同期して実行するので，回線交換方式の時分割多重スイッチへの入力のように，セルは同期したタイムスロット内に格納される．すなわち，ラインカードの入力スイッチインターフェイスで，パケットはセルに分解されてスイッチ回路に送られ，出力スイッチインターフェイスで，到着セルは合成されて通信回線に送出されることとなる．

このようなスイッチ回路のモデルを，図 3.17 に示す．$n \times n$ の同期形スイッチ回路で，理想的には非閉塞である．スイッチ回路のハードウェアとしては，共有媒体（バス）形，共有メモリ形，格子バッファ形，自己ルーチング形などがあるが，セルバッファの位置で分類すると，入力側にバッファをもつ**入力待ち行列形**（input queued）と出力側にバッファをもつ**出力待ち行列形**（output queued）に分類される．図 3.18 に，各スイッチ回路の構成を示す．

図 3.18(b) に示す出力待ち行列形スイッチでは，入力したセルは時間遅れなく出力側に転送される．行列がなければただちに出力されるが，待ち行列があれば行列に並べられる．ラインカードでの入出力回線は同じ伝送速度であるので，出力回線が平均として入力回線と同じトラヒックを受けもつ限りは，時間平均すると入力と同じスルー

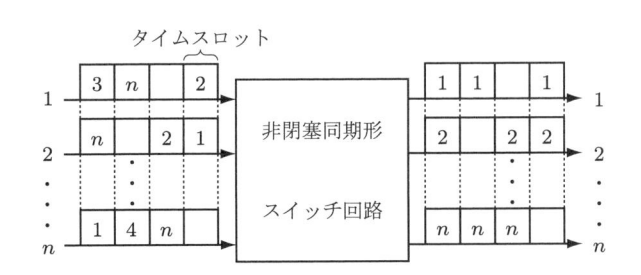

図 3.17 非閉塞同期形スイッチ回路

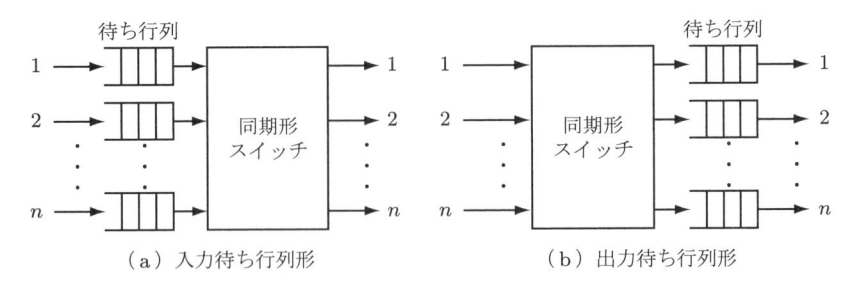

（a）入力待ち行列形　　　（b）出力待ち行列形

図 3.18 スイッチ回路の構成

プットを実現することができる．すなわち，このスイッチは，全入力伝送速度と同じスループットとなる．

一方，図 3.18(a) の入力待ち行列形スイッチでは，**行列の先頭閉塞**（head of line blocking）といわれる閉塞により，スループットは n が大きいと 58.6％まで抑えられることが理論的に明らかにされている．行列の先頭閉塞とは，待ち行列の先頭にあるパケットの転送先となる出線が輻輳しているため，先頭パケットが待たされている状態において，あとに続くパケットはその転送先となる出線があいているにもかかわらず待ち行列から抜け出せない状態となることをいう．したがって，入力待ち行列形スイッチを利用するためには，特別な工夫が必要である．

行列の先頭閉塞が生じる現象を，自動車道路を例にして図 3.19 に示す．図のように，西から東，南から北へ向かう道路の交差点において，東へ向かう車が非常に多いとする．このとき，東へ向かう道路は非常に混んでいるが，北に向かう道路はすいている状態となっている．北に向かう車は，道路がすいているにもかかわらず，東に向かう車が先頭にいて滞留しているため，交差点を通過することができない．これは，北に向かう車の通行量を減少させる結果となるので，全体としてはスループットを低下させることとなる．

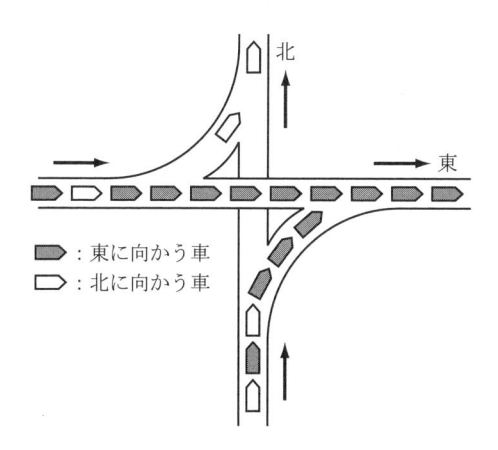

図 3.19　自動車道路における行列の先頭閉塞

例 3.2 ▶ 入力待ち行列形スイッチにおけるスループット制限

図 3.18(a) の入力待ち行列形スイッチにおけるスループット制限について，概念的な求め方を示す．説明には，第 6 章 一般的な待ち行列理論の結果を用いるので，6 章まで

を学習した後で再読することを勧める．

図 3.20 に示すように，$n \times n$ の入力待ち行列形スイッチを考え，各入線，出線では均等に負荷が生じるとする．いま，タイムスロットで区切りされた時刻 t_m での転送場面を考え，入線側における行列の先頭には，出線 i を転送先とするセルが，全部で $F_i(t_m) + B_i(t_m)$ 個あるとする．ここで，

$F_i(t_m)$：t_m において，無事 i に転送されるセル数，すなわち 0 か 1，

$B_i(t_m)$：t_m において転送されず，t_{m+1} で行列の先頭にあるセルの数，

であり，$0 \leq B_i(t_m) < n$ となる．

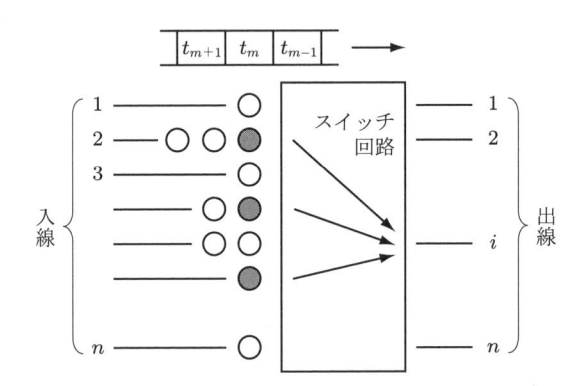

● ：t_m において行列の先頭にあるセルのうち，出線 i をあて先とするもの

図 3.20 行列の先頭閉塞のモデル

いま，出線 i のみを一つのシステムとして，単独で考える．$B_i(t_m)$ 個の待ち行列をもち，待ち行列には入線数 n からランダムにポアソン過程でセルが到着するので，ケンドール記号（4.4 節参照）でこのシステムのモデルを表現すると，M(n)/D/1/n+1 となる．各出線での負荷は均等であると仮定しているので，このシステムモデルが n 本並列していることとなる．

ここで，$n \to \infty$ とすると，このモデルは M/D/1 に簡単化される．すべての出線で平均化される $B_i(t_m)$ の時間平均を $\overline{B}$ とすると，$\overline{B}$ は平均待ち行列長となり，式 (6.23) の L_q で求められる．さらに，セル長は固定値 h であるので $\langle x^2 \rangle = h^2$ において，

$$\overline{B} = \frac{a^2}{2(1-a)} \tag{3.1}$$

となる．ここで，a は単位時間あたりのセル占有率で定義される負荷である．

一方，先頭にあるセルの数は，最大 n であるので，

$$\sum_{i=1}^{n} F_i(t_m) + \sum_{i=1}^{n} B_i(t_m) = n \tag{3.2}$$

である.ここで,$\sum_{i=1}^{n} F_i(t_m)$ は,t_m において転送されるセルの総数であるので,時間平均した総数を $\overline{F}$ とおくと $\overline{F}/n = a$ となる.また,$n \to \infty$ において時間平均すると,$\sum_{i=1}^{n} B_i(t_m)$ は $n\overline{B}$ となり,式 (3.2) を n で割ると次式となる.

$$a + \overline{B} = 1 \tag{3.3}$$

式 (3.1) と式 (3.3) より,$\overline{B}$ を消去すると,$a = 2 - \sqrt{2} = 0.586$ を得る.すなわち,最大負荷は 58.6 % となる.

3.3.3 共有媒体(バス)形

第三世代ルータにおけるバス形スイッチ回路の構成を,図 3.21(a) に示す.入力ポートからスイッチインターフェイスを通過して,セルはすべての出力ポートに同報される.出力側ではセルをいったんバッファメモリに格納してアドレスを確認し,自分向けのセルのみを通過させる.したがって,出力待ち行列形のスイッチ回路で,出力ポートはアドレスフィルタの役目をする.また,セルをすべての出力ポートに同報する構成には,内部バス以外にリング,メッシュなどが可能である.

この構成は,単純であり,マルチキャストや QoS 制御が出力バッファにおいて容易に実現される.しかし,スイッチ回路を非閉塞とするためには,内部バスでの転送速度を,時分割多重により入力転送速度 S の n 倍とする必要がある.ここで,n は入力

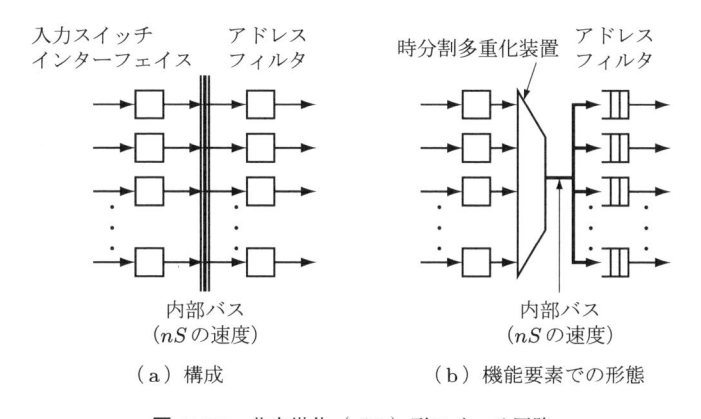

図 3.21 共有媒体(バス)形スイッチ回路

ポート数である．この場合，図 3.21(a) の構成を機能要素として描くと，図 3.21(b) となる．入力スイッチインターフェイスに時分割多重装置が具備され，内部バスでは nS の転送速度で各出力ポートに同報される．出力側のバッファメモリは速度 S で読出しを行うので，$(n+1)S$ の速度で動作する必要がある．

図 3.22 には，共有媒体をメッシュとした構成の出力バッファ形スイッチ回路を示す．メッシュでの転送速度は入力と同じ S であるが，出力バッファではバス形と同様 $(n+1)S$ の動作速度が必要である．これらの構成では，ポート数が多くなると，高速化することが困難となるため，大型化は難しい．

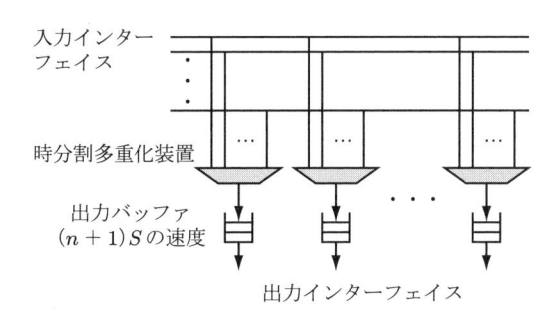

図 3.22 出力バッファ形スイッチ回路

3.3.4 共有メモリ形

共有メモリ形スイッチ回路の構成を，図 3.23 に示す．回線交換方式における時間スイッチのように，共有メモリそのものがスイッチ回路を形成する．違いは，タイムスロットには，セルが格納される点である．基本的には出力待ち行列形であり，n 倍の多重化により非閉塞スイッチを実現する．構成は単純で，QoS 制御は容易であるが，マルチキャストではマルチ配信する分の再読出しが必要となる．

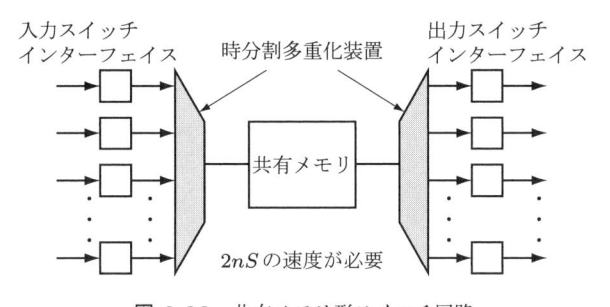

図 3.23 共有メモリ形スイッチ回路

共有メモリでは，読み書きのため $2nS$ の動作速度が必要である．したがって，大型化にともなう高速化は困難である．電話交換機と同じように，空間スイッチと組み合わせた TST 構成の多段形が，大型化への道となっている．

3.3.5 格子バッファ形

共有媒体形，共有メモリ形スイッチ回路では，出力バッファの動作速度をポート数倍にしなければならないことが欠点であったが，格子スイッチの各接点に出力バッファを配置すると，この欠点が解決される．図 3.24 に，格子バッファ形スイッチ回路の構成を示す．各接点にある出力バッファには，転送速度 S でセルが入力し，出力制御装置の適切なアルゴリズムによる指示で，同じ速度 S で出力される．

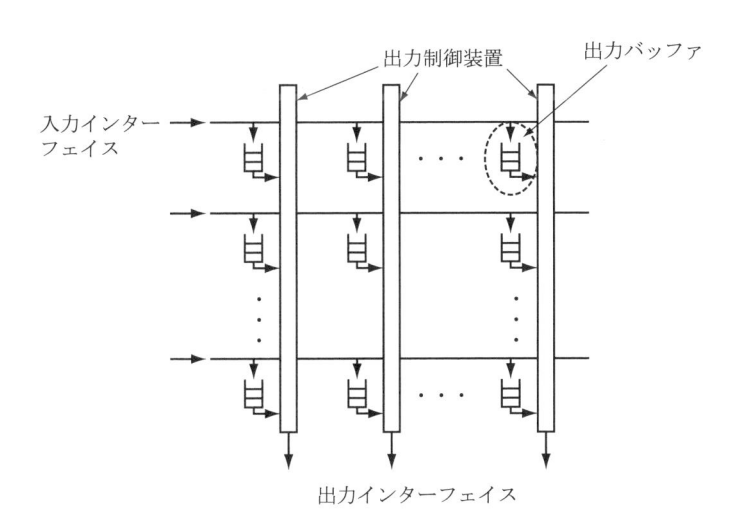

図 3.24 格子バッファ形スイッチ回路

この構成は非閉塞であり，マルチキャスト対応，QoS 制御が容易など優れた性能をもつが，出力バッファ数が n^2 で増加するという格子スイッチ固有の問題点をもつ．さらに，n が増えると出力制御が複雑となる欠点があり，大型化が困難となっている．

3.3.6 入力待ち行列形

共有媒体形，共有メモリ形，および格子バッファ形はすべて出力待ち行列形に分類される．これらスイッチ種別に対する特性を，表 3.4 に示す．非閉塞，マルチキャスト，QoS 制御など優れた性能を示すが，メモリバッファにおける動作速度がポート数

に比例して高速化することや，メモリバッファ数がポート数の二乗に比例して増大するなど，大型化には困難がともなう．

表 3.4　各スイッチ種別の特性

スイッチ種別	メモリの動作速度	メモリバッファ数	非閉塞	マルチキャスト	QoS 制御
共有媒体形	$(n+1)S$	n	◎	◎	◎
共有メモリ形	$2nS$	1	◎	△	◎
格子バッファ形	$2S$	n^2	◎	◎	◎
仮想出力待ち行列形	$2S$	n	○	△	○
入出力待ち行列結合形	$\sim 3S$	$2n$	○	○	○

注：S は入出力ポートでの転送速度，n は入出力ポート数，◎は最善，○はよい，△は小さい問題あり

これに対して，入力待ち行列形では，メモリバッファにおける動作速度はポート数に比例せず入出力転送速度の 2 倍であることや，メモリバッファ数はポート数と同じであることなど，経済性に優れており，大型化が可能である．ただし，行列の先頭閉塞という，スループットを抑える本質的な問題を抱えている．そこで，この問題を解決する取り組みが行われている．

その一つの方法が，**仮想出力待ち行列形**（virtual output queued）であり，その構成を図 3.25 に示す．入力インターフェイスにおいて，出力ポートや QoS に対応したいくつかの分離した仮想バッファをもち，各出力ポートでのトラヒックに応じて，転送を制御する方法である．非閉塞の確保や QoS 制御は可能であるが，制御アルゴリズムが複雑でありポート数が増えると転送制御が困難となる問題がある．

もう一つは，**入出力待ち行列結合形**（combined input output queued）である．スタンフォード大学とシスコ社の共同開発で提案されている．図 3.26 に示すように，入力側と出力側にバッファメモリを配置し，適切な制御アルゴリズムにより非閉塞を確保したままで転送速度を抑える方法である．理論的には，スイッチ回路での転送速度が入出力ポートの $(2-1/n)$ 倍であれば，出力待ち行列形と等しいスループットを実現することが明らかにされている．すなわち，図 3.26 の構成では，スイッチ回路への転送が入出力ポートの 2 倍あればすむ．問題は転送制御アルゴリズムであるが，スタンフォード大学では簡単なものを開発し，大型化に際してポート数に比例した計算時間しかかからないとしている．

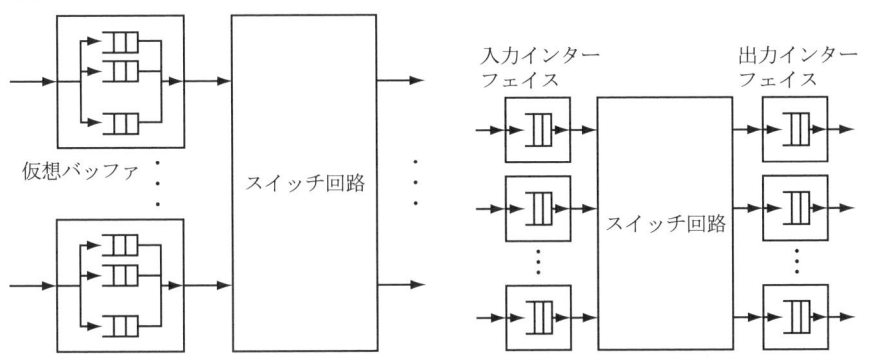

図 3.25 仮想出力待ち行列形スイッチ回路   図 3.26 入出力待ち行列結合形スイッチ回路

3.3.7 自己ルーチング形

入力待ち行列形では，あて先出力ポートだけにセルを転送する必要がある．この場合，スイッチ回路の高速化を図るには自己ルーチング形が有利である．1.4 節の ATM 交換機の説明において，自己ルーチング形スイッチの動作原理を説明したが，あらためて図 3.27 に示す．

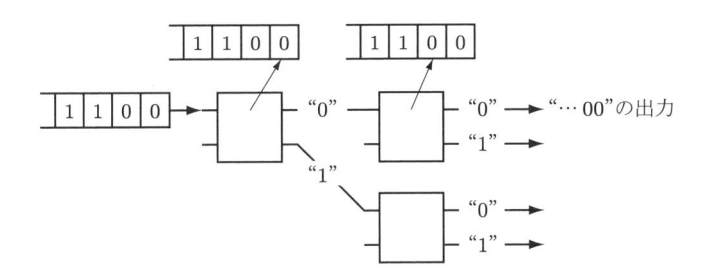

図 3.27 自己ルーチン形スイッチの動作

2×2 スイッチは，セルヘッダの決められた位置にあるビットを認識して，たとえば "0" であれば出線 1 に，"1" であれば出線 2 に出力するよう，自律的にスイッチングを実行する．図 3.27 では，先頭ビットが 1 段目のスイッチを制御し，第 2 ビットが 2 段目のスイッチを制御する．ソフトウェアによる制御を行わずに，すべて LSI スイッチで構成できるので高速スイッチングが実現できる．

(a) バンヤンスイッチ

2×2 スイッチの組み合わせで自己ルーチング形スイッチを構成する基本となる回

路は，バンヤンスイッチ（Banyan switches）である．図 3.28 に，8×8 のバンヤンスイッチ回路を示す．入線 1 からのセルは，ヘッダにある 3 ビットによりスイッチ内の経路が決められ，あて先の出線に出力される．図では，3 ビットに対する出線を示している．

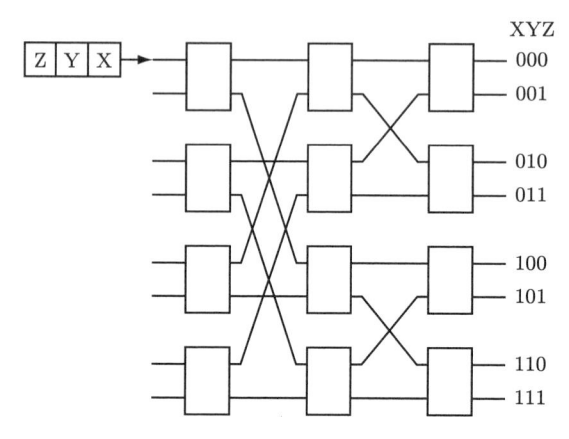

図 3.28 8×8 バンヤンスイッチ回路

バンヤンスイッチは，"0" と "1" の 2 進数で経路を選択するので，$n \times n$ のスイッチ構成では $n = 2^N$ $(N = 1, 2, \cdots)$ となり，$N = \log_2 n$ がスイッチ段数となる．1 段に $n/2$ 個の 2×2 スイッチが必要であるので，スイッチ数は全部で $(n/2) \log_2 n$ となる．

バンヤンスイッチは，出口スイッチが同じであると内部閉塞を生じる．図 3.29 に内部閉塞の例を示す．入線 1 が出線 1 に接続していると，入線 2 は出線 2 に接続することはできない．したがって，バンヤンスイッチを利用するためには，1 セルずつ転送する必要があり，多重化による高速化の必要が生じる．これでは，入力待ち行列形のよさが生かせない．

(b) バッチャ - バンヤンスイッチ

これを解決する方法として，バッチャ - バンヤン（Batcher-Banyan）スイッチが提案されている．バンヤンスイッチの入線を自由に選べるようなソータを前段に加えることによって，非閉塞を実現する方法である．そのソータ回路がバッチャスイッチである．図 3.30 に，8×8 のソータ回路となるバッチャスイッチ回路を示す．図の点線で囲った部分は，4×4 の非閉塞バッチャスイッチであり，これを 8×8 のバンヤンスイッチの前段に加えることによって，8×8 のバッチャスイッチとなる．

一般に，$n \times n$ のバッチャスイッチでは，2×2 スイッチが $(n/4)(1 + \log_2 n) \log_2 n$

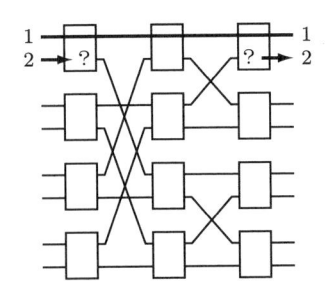

図 3.29 バンヤンスイッチにおける内部閉塞

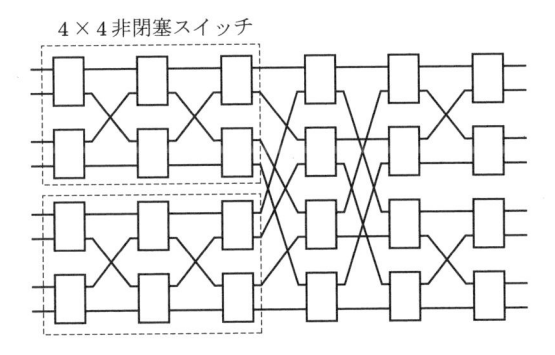

図 3.30 8×8 バッチャスイッチ回路

個必要である（問題 3.11 参照）が，格子スイッチの n^2 より個数を小さくできる．たとえば，$n=8$ の場合，$(n/4)(1+\log_2 n)\log_2 n = 24$ に対して，$n^2 = 64$ である．

(c) ベネススイッチ

再配置による非閉塞スイッチであるが，より少ない個数でスイッチを構成する方法として提案されているものが，**ベネススイッチ**（Benes switches）である．図 3.31 に，8×8 のベネススイッチ回路を示す．中央の上下に，4×4 の非閉塞スイッチを配置し，どの入線と出線からもどちらかの非閉塞スイッチに接続できるように構成されている．転送するセルの間に，スイッチ切り換えができる程度のガードタイムを設ければ，再配置非閉塞スイッチで十分機能する．

一般に，$n \times n$ のベネススイッチでは，$(n/2)(2\log_2 n - 1)$ 個の 2×2 スイッチが必要である．図 3.31 の 8×8 の例では，20 個であり，バッチャスイッチより 1 段分の 4 個少ない個数である．

2×2 スイッチを用いる $n \times n$ スイッチの構成は，光パケット交換機を構成する上

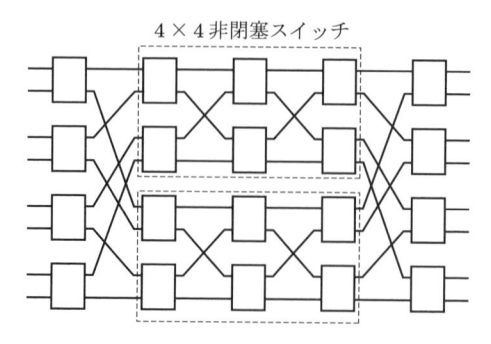

図 3.31 8×8ベネススイッチ回路

で参考となるので，今後の研究が期待されている．

章末問題

3.1 つぎの内容または用語が該当する TCP/IP 階層での名称を求めよ．ただし，重複記述あり．
①ネットワーク間の経路選択，交換制御　②エンド－エンド間のデータ転送　③信号の電気特性，ビット同期　④ IEEE802.11 無線 LAN　⑤ UDP　⑥ HTTP　⑦ 100BASE-TX　⑧ SIP

3.2 ルータにおけるルーチング機能とフォワーディング機能を説明せよ．

3.3 AS 番号のうち，"すべて 0" と "すべて 1" は特定用途に利用され，"00000000 00000001" から "11111011 11111111" はグローバル **AS** 番号，"11111100 00000000" から "11111111 11111110" はプライベート **AS** 番号に利用される．グローバル AS 番号数とプライベート AS 番号数をそれぞれ求めよ．

3.4 IP 電話 A から IP 電話 B に電話をかけるとき，つぎに示す装置間の送信では，B を識別するためどのような情報形式が用いられるか．
　(1) IP 電話 A から A の IP 電話アダプタまで
　(2) A の IP 電話アダプタから SIP サーバまで
　(3) SIP サーバから B の IP 電話アダプタまで

3.5 長さ 1500 バイトのパケットが，伝送速度①100 Mbps，②1 Gbps，および③10 Gbps でメモリに入力するとき，メモリ格納に要する時間を，それぞれ求めよ．

3.6 自動車道路以外で，行列の先頭閉塞が発生する例を挙げよ．

3.7 式 (3.1), (3.3) より，$a = 2 - \sqrt{2}$ を求めよ．

3.8 表 3.4 に関するつぎの問いに答えよ．

(1) 格子バッファ形におけるメモリ動作速度が S の 2 倍となっている理由を述べよ．
(2) 仮想出力待ち行列形と入出力待ち行列結合形では，非閉塞特性が○となっており最善ではないが，この理由を考えよ．
(3) 共有メモリ形と仮想出力待ち行列形では，マルチキャスト対応が△となっているが，この理由を考えよ．

3.9 最新の高速ルータ/スイッチでは，どのようなスイッチ回路種別を利用しているか調査せよ．

3.10 図 3.30 において点線で囲んだ 4×4 スイッチが，非閉塞となることを，入線と出線のすべての組み合わせで確認せよ．

3.11 $n \times n$ バッチャスイッチ回路は，前段に $(n/2) \times (n/2)$ の非閉塞スイッチを上下の 2 段でソータとして配置し，後段に $n \times n$ のバンヤンスイッチ回路を配置する構成である．$n \times n$ バッチャスイッチ回路は非閉塞スイッチであるので，$(2n) \times (2n)$ バッチャスイッチの前段に利用することができる．そこで，数学的帰納法により，2×2 スイッチの全個数は $(n/4)(1 + \log_2 n) \log_2 n = 2^{N-2} N(N+1)$ となることを証明せよ．ここで，$N = \log_2 n \geq 2$ である．

第4章 トラヒック理論

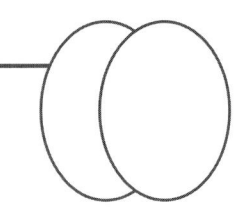

交換機内部の構造設計，交換機の配置や伝送路容量の決定などのネットワーク設計には，トラヒック理論が欠かせない．たとえば，光パケット交換機の研究開発の現場ではさまざまな構造が提案されているが，その良し悪しを判断するのにトラヒック理論が利用される．また，ネットワークを効率的に運用しようとすると，ネットワーク構成の最適化に向けてのトラヒック理論による探索が欠かせない．

本章では，待ち行列理論を含めたトラヒック理論全体を学習するための準備をし，さらに即時式モデルの理論を説明することにより，電話交換機の設計方法の一部を学ぶ．

4.1 トラヒック理論の役割

4.1.1 トラヒックとは

スーパーや銀行では，レジや窓口において行列ができていることをよくみかける．あまりに行列が長いと，客が待つ時間が長くなり客に不満がたまるので，レジや窓口の受付数を増やすが，逆に，客が少なくて行列がない場合には，レジや窓口の数を減らす．客の扱いが少ない窓口は，不経済であるからである．これらは，社会生活をおくる中でよくみられる光景である．店側が，客の数によってレジや窓口の数を増減するということは，それらの数には客数に対する最適値があるということを，暗黙のうちに理解していることになる．この関係でのポイントは，店側設備の経済的な運用と客の不満の解消である．

以上の現象をもう少し正確に把握するため，別の例を述べる．図4.1は，高速自動車道路の料金ゲート付近における自動車の流れを示す．車線に沿って料金ゲートが設けられているが，開いているゲートの数は自動車の量によって変えるようにしている．また，各ゲートには車の行列が別々に形成され，車は必ずゲートを通らなければならないので，たとえばお盆休みの帰省ラッシュなど最盛期には，行列は果てしない長さ

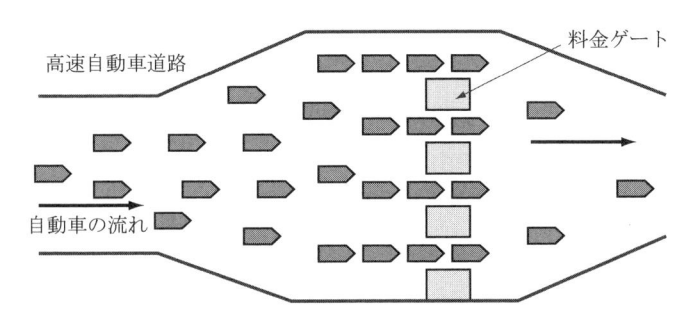

図 4.1 高速自動車道路の料金ゲートにおける交通量

となる．

図 4.2 は，銀行の ATM（automatic teller machine：現金自動支払機）における人の流れを示す．数台の ATM がある前段に人を 1 列に並べる行列枠があり，ATM 全部が使用中の場合には客は 1 列に並んで待つ．ATM があけば行列の先頭にいる客から順に，あいた ATM を利用する．この場合，行列は，数台の ATM に対して一つである．客の中には，全部の ATM が使用中の場合，利用をあきらめる人もいる．

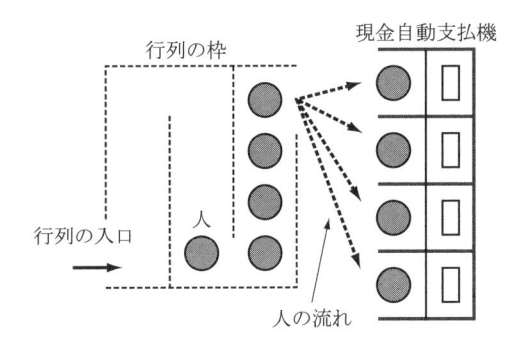

図 4.2 現金自動支払機（ATM）での人の流れ

車や人の流れ方に関して，そのすべての場面は**トラヒック理論**（traffic theory）により理論的に扱うことができる．トラヒック理論は，設備の数とその設備を利用するものの流れとの関係を定量的に解明するものである．**トラヒック**（traffic）とは，車や人の交通量，すなわちものの流れの量を意味する．また，ものの流れが待ち行列を形成する場合には，行列の長さや待ち時間に着目することが多いので，とくにその理論を**待ち行列理論**（queuing theory）という．

ものの流れ方には，行列ができる場合，できない場合，すなわち混んでいる場合に

は利用できない場合，また行列ができる場合でも，ゲートごとに行列がある場合，全部のゲートをまとめて一つの行列のみの場合など，さまざまな場面が考えられる．

4.1.2 通信トラヒック理論の目的

通信設備数の最適値を数量的に求める目的で利用されているのが通信トラヒック理論（teletraffic theory）である．図 4.3 に，多くの電話回線を収容する電話交換機における通信量，すなわち通信トラヒックの流れを示す．電話回線を流れる音声情報が，この場合のトラヒックとなる．この交換機のエリア外に流れるトラヒックは，中継回線を経由する．そこで，中継回線の本数をいくつにするのがよいか，または中継回線の伝送容量をどの程度にするか，というのが電話交換機設備の最適値を求める問題の一つとなる．

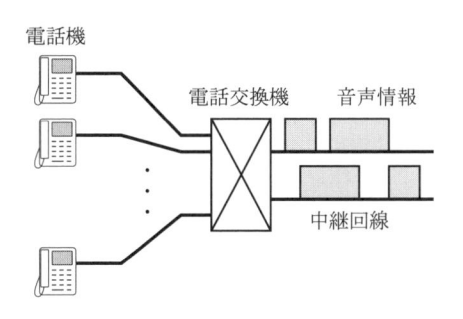

図 4.3 電話回線における通信量の流れ

1 日における電話トラヒックの一例を，図 4.4(a) に示す．ビジネス街を中心とするエリアでの昼間を想定している．ビジネスが始まる朝 9 時からトラヒックは急速に増え，昼休みにはいったん小休止にはいる．午後の仕事が始まると同時に再度トラヒックは急増し，15 時ごろには一定値に落ち着く．終業時刻 17 時を過ぎるとゆるやかに減少する．以上の 1 日のトラヒック変動に対して，中継回線などの設備数を考える．

図 4.4(b) に示すように，1 日の最大トラヒックに対応できるように設備を用意すれば，電話はいつもかけられる状態であるため，客へのサービスは最高であるが設備の使用効率は悪く，何よりも経費がかかる．逆に，図の最低線に示すように，15 時でのトラヒックに対応する程度の設備であれば，設備費用は少ないが不通となる時間が多く，客の評判は最悪となる．客が逃げることになれば，結果的には経営を圧迫する．したがって，その中間に，最大トラヒック時には不通となる時間帯がわずかにあるが，

(a) トラヒック変動

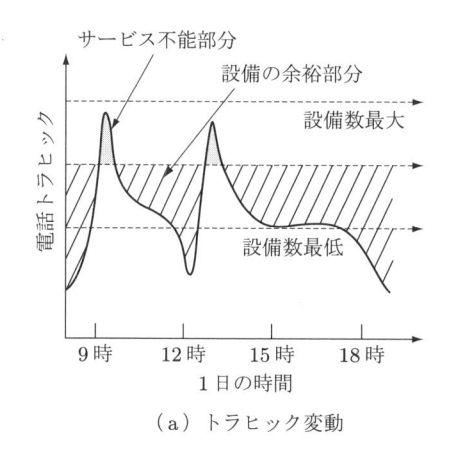

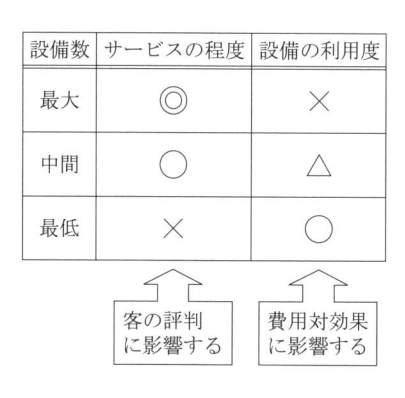

(b) 設備数に対する効果

図 4.4 トラヒック変動に対する設備数の関係

客からの不評は小さく，設備の使用効率もほどほどであるという最適値が存在するはずである．

ここで重要なのは，トラヒック理論は，トラヒックと電話の不通時間割合との関係を定量的に明らかにするだけものである，という点である．設備コストとサービスの程度はトレードオフの関係にあるので，不通時間割合をどうするかということは，そのサービスを提供する事業者が決めるものである．すなわち，トラヒック理論は経営を助けるツールであるが，経営判断そのものを行っているわけではない．

4.2 呼と呼量

4.2.1 呼量の計算

通信トラヒック理論では，電話やパケットなどからの接続要求を**呼**（こ：calls）という．呼は，料金ゲートや銀行窓口のように通信以外の場合には**客**（customers）に相当し，一つ一つ数えられる量である．呼が発生することを**生起**というが，呼（または客）にサービスを提供する設備からみると，呼（または客）が到着してからサービスを開始するので，**到着**（arrival）は生起と同じ意味で用いられる．

図 4.5 に，ある電話回線における通話の利用状況を示す．一つの呼が生起して終了するまでの時間を**保留時間**（holding time）という．これは，設備のサービスを利用する時間であるので，**サービス時間**（service time）ともいう．また，注目する呼群に関して，保留時間合計を単位時間あたりに換算したものを，**呼量**または**トラヒック強**

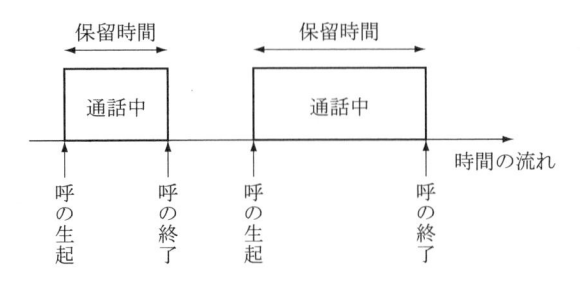

図 4.5 ある電話回線における通話の利用状況

度（traffic intensity）と定義する．呼量は時間に対して時間で割って求めているので，次元をもたないが，単なる数値では理解しにくい．そこで，通信トラヒック理論の創始者であるデンマーク人 A.K. Erlang の名にちなんで，**アーラン**（erlangs）という単位を用いる．

対象とする回線を時間 T で測定した結果，n 個の呼を確認し，それらの保留時間 h_i $(i = 1, 2, \cdots n)$ を得たとすると，呼量 a は次式で求められる．

$$呼量\ a = \frac{保留時間の合計}{測定時間} \\ = \frac{h_1 + h_2 + \cdots + h_n}{T} \quad [\text{アーラン：erl}]\ (無次元) \tag{4.1}$$

また，単位時間あたりの呼の生起数 c を**呼数密度**という．これと各保留時間の平均値である**平均保留時間** h を用いると，

$$呼数密度\ c = \frac{生起呼数}{測定時間} = \frac{n}{T}\ [1/時間], \tag{4.2}$$

$$平均保留時間\ h = \frac{保留時間の合計}{生起呼数} = \frac{h_1 + h_2 + \cdots + h_n}{n}\ [時間] \tag{4.3}$$

より，

$$呼量 = 呼数密度 \times 平均保留時間,\ すなわち\ a = ch \tag{4.4}$$

を得る．

─ 例 4.1 ▶呼量，呼数密度，および平均保留時間の計算 ─────────────

図 4.6 の例において呼量を求めてみる．図 (a) は回線 A という 1 回線のみの場合であり，

$$a = \frac{5+15+10\,[\text{分}]}{60\,\text{分}} = 0.5\,[\text{アーラン}]$$

となる．また，呼数密度と平均保留時間は，

$$c = \frac{3\,\text{呼}}{60\,\text{分}} = 0.05\,[1/\text{分}]$$

$$h = \frac{5+15+10\,[\text{分}]}{3\,\text{呼}} = 10\,[\text{分}]$$

であることから，式 (4.4) より，$a = ch = 0.05 \times 10 = 0.5$ が求められる．

図 (b) は，回線 1 から 3 までの 3 回線合計の呼量を計算する場合であり，

$$a = \frac{15+10+10+7+5+25+3\,[\text{分}]}{60\,\text{分}} = \frac{75}{60} = 1.25\,[\text{アーラン}]$$

$$c = \frac{7\,\text{呼}}{60\,\text{分}} \approx 0.117\,[1/\text{分}]$$

$$h = \frac{75\,\text{分}}{7\,\text{呼}} \approx 10.7\,[\text{分}]$$

と計算される．

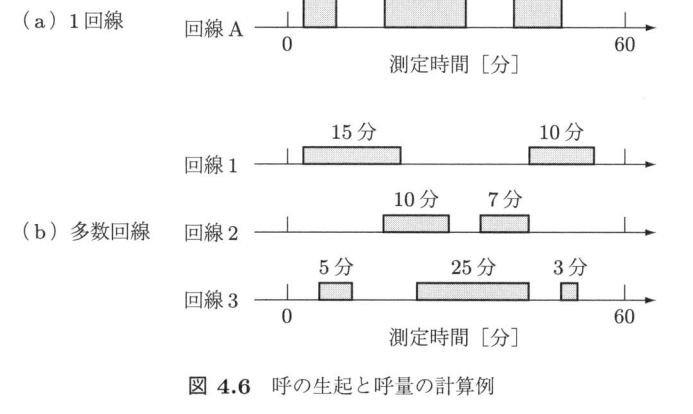

図 4.6 呼の生起と呼量の計算例

4.2.2 呼量の性質

注目している回線群における呼数密度や，ある交換機で交換サービス中となっている回線数などは，時間によって変化するので，時間の関数である．これらの関数を解析的に扱う場合，関数形そのものを求めることは困難であるので，それらがある値である確率はいくらかというように，確率で表すことを行う．これらの確率は時間によって変化する．すなわち時間という変数により変動する確率となる．呼数密度や利用中の回線数割合のように，変動する確率をもつ変数を，**確率変数**（random variable）という．とくに，確率変数が時間の関数である場合，それらを**確率過程**（stochastic process）という．この場合の時間は，とびとびの値である離散形とすることも連続量とすることも可能である．

確率 $X(t)$ が，$t=0$ の初期値に依存せず，$t \to \infty$ で一定値 X に近づくとき，その一定値となる状態を**定常状態**，または**平衡状態**という．$X(t)$ が定常状態にあるとき，離散的な時間 $t_m (m=0,1,2,\cdots,n)$ における $X(t)$ の集合 $\{X(t_0), X(t_1), \cdots, X(t_n)\}$ の平均値 $\overline{X_n}$ と分散 V_n は，$n \to \infty$ で一定値 X と V に漸近する．これが定常状態の定義であり，標本数を多くすれば真の確率となることを示す．この性質は**エルゴード性**（Ergodicity）ともいう．

ある回線群における呼量が定常状態にあるとき，すなわち，呼量がある値となる確率が時間に対して不変であるとき，呼量にはつぎの性質がある．

性質 1：呼量は，平均保留時間の間に生起する呼数に等しい．
性質 2：1 回線が運ぶ呼量は，その回線が利用中となる確率（時間的な割合）に等しい．
性質 3：ある回線群が運ぶ呼量は，ある時点で利用中となっている回線数を時間的に平均した値に等しい．

性質 1 は，式 (4.4) より求められる．呼数密度は単位時間あたりの生起呼数である

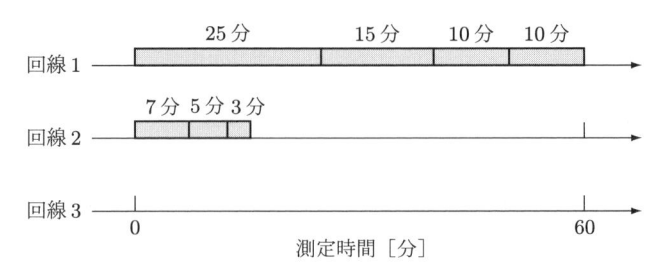

図 4.7 呼量と時間平均した回線数の計算例

ので，平均保留時間の間に生起する呼数を求めれば，呼量となることを式 (4.4) は示している．性質 2 は，図 4.6(a) より理解することができる．1 回線の呼量を求めることは，その回線の利用割合を求めることになる．

性質 3 の意味は，時間 $t_m(m = 0, 1, 2, \cdots n)$ において測定した使用中の回線数 $X(t)$ の集合 $\{X(t_0), X(t_1), \cdots, X(t_n)\}$ において，その平均値 $\overline{X_n}$ は，その回線群が運ぶ呼量に等しいということである．これを，図 4.6(b) を例にとり説明する．図 4.6(b) における各呼の保留時間を，図 4.7 に示すように，まず回線 1 から順に集め詰め込むと，性質 2 より回線 1 は呼量 1.0 アーランで利用確率 1.0，回線 2 は 0.25 アーランで利用確率 0.25 となる．60 分の間に時間平均をとれば，1.25 回線が利用中であることとなる．すなわち，呼量は時間平均した利用中の回線数に等しい．

性質 1～3 は，呼量の測定に利用する性質である．

例 4.2 ▶ 確率変数，確率密度関数，および確率分布関数

確率変数は，ある変数を関数として変化する確率をもつ，ということはすでに述べた．変化する確率の例として，図 4.8 に示すように，ある地域における年齢別の人口を考える．縦軸を人数としているが，全人口で割ればそのままその地域に住む人の年齢確率となる．横軸は，年齢であるので，本来は連続変数である．したがって，図 4.8 の横軸を連続変数である年齢 T とすると，その確率は $f(T)$ という連続関数で表せるはずである．この $f(T)$ を，確率変数 T に対する**確率密度関数** (pdf: probability density function) という．

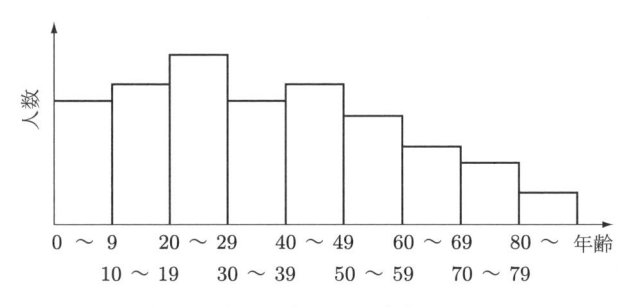

図 4.8 ある地域における年齢別の人口

確率密度関数は，累積した確率が 1 となるという規格化条件

$$\int_0^\infty f(t)dt = 1 \tag{4.5}$$

を満足する．ここで，t は $0 \leq t < \infty$ としたが，$-\infty \leq t < \infty$ としてもよい．確率密度関数を実際の数値で表すときには，$f(T)$ という形では定義できず，微小区間 $[T_n, T_n + \Delta T]$

($n = 0, 1, \cdots$) で累積する

$$\int_{T_n}^{T_n + \Delta T} f(t)dt \approx f(T_n)\Delta T \quad (n = 0, 1, \cdots) \tag{4.6}$$

という微小積分形となる．図 4.8 の例では，$\Delta T = 10$ として 10 歳ごとに集計した形となっている．離散形確率で表す場合には，式 (4.6) の $f(T_n)\Delta T$ が $t = T_n$ での確率 P_n となる．数学的な表現では

$$P(t = T_n) \equiv P_n = f(T_n)\Delta T \quad (n = 0, 1, \cdots) \tag{4.7}$$

となり，確率 P_n を**確率重量関数**（probability mass function）という．

さらに，ある年齢以下の人数というように，$f(T)$ を $[0, T]$ の範囲で累積したものを**確率分布関数**（PDF: probability distribution function）または**累積分布関数**といい，次式で定義される．

$$F(T) = \int_0^T f(t)dt, \quad \text{または } f(t) = dF(t)/dt \tag{4.8}$$

$F(T)$ は T に対して単調増加関数であり，定義より

$$F(0) = 0, \quad F(\infty) = 1$$

である．

平均値や分散を求める際には確率密度関数を用いるので，本書では，確率分布関数よりも確率密度関数をよく利用する．

4.3 呼の生起と終了

本節では，呼の生起と終了の仕方について，その確率論的な性質を説明する．たとえば，図 4.9 に示すように，交換機 A が扱う呼を考える．エリア内には，収容する電話機が 100 台，1000 台，あるいは 10000 台あり，それら全部から生起する呼に対して A は交換サービスを行う．このような交換機においてその設備容量を求めるために，呼が全体としてどのような生起の仕方をし，終了するかということを最初に明らかにする．

4.3.1 マルコフ過程

多くの呼が生起し終了するとき，生起と終了の仕方を確率で表現することが必要と

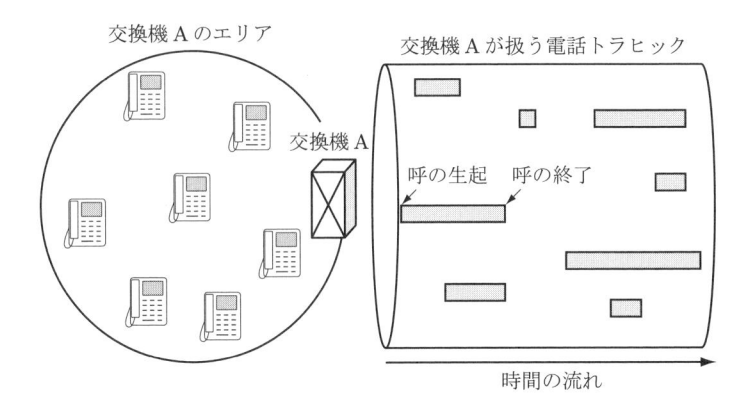

図 4.9 呼の生起と終了

なる．確率変数が時間的に変化する場合，それらを**確率過程**ということはすでに述べた．さまざまな形態の確率過程が存在するが，その中でもっとも簡単でかつ有用なものが**マルコフ過程**（Markov process）である．

マルコフ過程とは，ある時点 t_n で $X(t_n)$ という値をもったある量 $X(t)$ が，つぎの時点 t_{n+1} で $X(t_n)$ の値のままである確率は，現在の値 $X(t_n)$ そのもののみに依存し，過去からの値 $\cdots, X(t_{n-2}), X(t_{n-1})$ にはまったく依存しない，というものである．過去の記憶がまったくなく，つぎの状態がどうなるかは現在の状態のみで決まるという意味であり，これをマルコフ過程の**無記憶性**という．

たとえば，サイコロの目でつぎに何が出るかということは，過去に出た目の数には関係なく 1 から 6 まで同じ 1/6 という確率であるということである．また，宝くじに当たる確率は，過去に当たった経験があるかないかに関係なくいつも同じである，といったことである．

マルコフ過程で表せる確率過程を**マルコフモデル**というが，呼が生起する間隔，終了するまでの時間などトラヒック理論では多用されている．次節に示すが，マルコフモデルでは，ある現象の生存時間（寿命）の平均を $1/\mu$ とするとき，その現象がそのまま続く生存確率は指数関数 $e^{-\mu t}$ で表せる．逆に，ある現象においてその時間経過する確率が指数関数に従う場合，それをマルコフモデルということができる．

4.3.2 呼の生起

呼の生起に関する確率的な性質として，**ランダム過程**を考える．この過程は，微小時間 $\Delta t \to 0$ においてつぎの三つの性質をもつモデルである．

(1) 独立性：呼は，たがいに独立して生起する．過去の履歴に影響されないという意味でマルコフ過程である．また，集団で同時に生起することもなく，各呼は自律的である．

(2) 定常性：どの時点においても生起確率は同じである．そこで，Δt 中に一つの呼が生起する確率を $\lambda \Delta t$ とおくことができる．λ は比例定数であるが，のちに呼数密度であることが明らかにされる．

(3) 希少性：個々の呼は一つ一つ区別できるほど，まれにしか生起しない．したがって，Δt 中に二つ以上の呼が生起する確率は無視できる．

図 4.10 に示す生起モデルを用いて，時間 t が経過する間に，すなわち $[0,t]$ の間に k 個の呼が生起する確率 $P_k(t)$ を求める．時間 t を，高々一つの呼しか生起しないほど細かく分割する．いま n 個に等分すると，一つの区間での時間は

$$\Delta t = \frac{t}{n} \tag{4.9}$$

となり，性質 (3) により，この区間では呼は一つしか生起しないとすることができる．性質 (2) より，この Δt 中に一つの呼が生起する確率を $\lambda \Delta t$ とおくと，k 個の呼が生起する確率 $P_k(t)$ はつぎのようにして求められる．

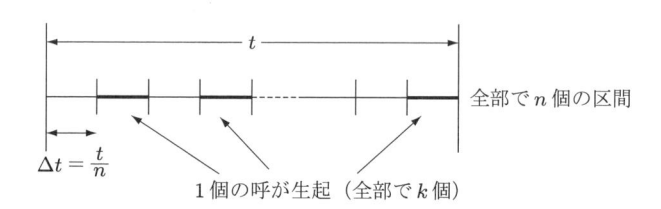

図 4.10 呼の生起モデル

k 個の区間で呼が生起する確率：$(\lambda \Delta t)^k$，

$(n-k)$ 個の区間で呼が生起しない確率：$(1-\lambda \Delta t)^{n-k}$，

n 個の区間の中で，k 個の区間を選ぶ方法の数：${}_n C_k = \dfrac{n!}{k!(n-k)!}$

であることから，二項定理により

$$P_k(t) = {}_n C_k (\lambda \Delta t)^k (1-\lambda \Delta t)^{n-k} \tag{4.10}$$

となる．ここで，分割数 n を非常に大きくし，$n \to \infty$ の極限を考えると，

$$P_k(t) = \lim_{n \to \infty} \frac{n!}{k!(n-k)!} \left(\frac{\lambda t}{n}\right)^k \left(1 - \frac{\lambda t}{n}\right)^{n-k}$$
$$= \frac{(\lambda t)^k}{k!} e^{-\lambda t} \tag{4.11}$$

が求まる（章末問題 4.4 参照）．これは，平均値 λt の**ポアソン分布**（Poisson distribution）である．

λt が平均値であることは

$$\langle k \rangle \equiv \sum_{k=0}^{\infty} k P_k(t) = \sum_{k=0}^{\infty} k \frac{(\lambda t)^k}{k!} e^{-\lambda t} = e^{-\lambda t} \lambda t \sum_{k=0}^{\infty} \frac{(\lambda t)^{k-1}}{(k-1)!} = e^{-\lambda t} \lambda t e^{\lambda t} = \lambda t \tag{4.12}$$

より求めることができる．ここで，規格化条件

$$\sum_{k=0}^{\infty} P_k(t) = e^{-\lambda t} \sum_{k=0}^{\infty} \frac{(\lambda t)^k}{k!} = 1 \tag{4.13}$$

を用いた．時間 t の間に生起する呼の数の平均値が λt であるということは，定常状態において単位時間あたりに生起する呼の数と定義される呼数密度が

$$\langle k \rangle / t = \lambda \tag{4.14}$$

であることを示す．また，λ は，客がサービス機構に到着する単位時間あたりの割合の平均値と定義されるので，**平均到着率**（average arrival rate）ともいう．さらに，ポアソン分布となる確率過程や生起過程を**ポアソン過程**（Poisson process），ポアソン生起という．

時間 $[0, t]$ の間に呼が一つも生起しない確率は，式 (4.11) で $k = 0$ とおいて

$$P_0(t) = e^{-\lambda t} \tag{4.15}$$

となる．これを，時間に対して図 4.11 に示す．一つの呼も生起しない状態が継続する確率は時間に対して指数関数となり，マルコフ過程の特徴が現れる．また，時刻 0 に一つの呼が生起し，つぎの呼が時刻 t から $t + \Delta t$ の間に生起する確率は，呼が一つも生起しない時間 t のあとに $\lambda \Delta t$ の確率で生起することから，$e^{-\lambda t} \cdot \lambda \Delta t$ となる．したがって，生起間隔の確率密度関数は，$\lambda e^{-\lambda t}$ である．当然，規格化条件

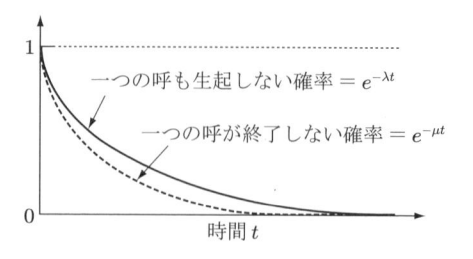

図 4.11 各状態が継続する確率

$$\int_0^\infty \lambda e^{-\lambda t} dt = \left[-\frac{e^{-\lambda t}}{\lambda} \lambda \right]_0^\infty = 1$$

を満足する．生起間隔の平均値は，次式より求められる．

$$\int_0^\infty t\lambda e^{-\lambda t} dt = \left[-\frac{te^{-\lambda t}}{\lambda} \lambda \right]_0^\infty + \int_0^\infty e^{-\lambda t} dt = \frac{1}{\lambda} \tag{4.16}$$

すなわち，呼数密度の逆数は，生起間隔の平均値である．

4.3.3 呼の終了

つぎに，呼の終了の仕方について考える．呼が生起して終了するまで時間を**保留時間**といい，また設備からサービスを受けている時間でもあるので，これを**サービス時間**ということもすでに述べた．したがって，呼の終了の仕方を確率理論で扱うということは，この保留時間の分布を明らかにすることになる．

さまざまな終了の仕方があるが，代表例としては，①ランダム終了と②一定時間終了がある．ランダム終了とは，呼のランダム生起と同じように，独立性，定常性，および希少性をもつ終了の仕方をいう．電話トラヒックを扱う場合にはよく利用される．一定時間終了とは，ATM交換で利用する固定長パケットのように，サービス時間が一定のものをいう．本節では，ランダム終了における保留時間分布を求める．

定常性の性質より，微小時間 Δt の中に一つの呼が終了する確率を，時刻に無関係に $\mu\Delta t$ とおく．式 (4.9) と同様に，$[0,t]$ の時間を n 分割し，$[0,t]$ の間において呼が一つも終了しない確率，すなわち状態が変化しない確率 $H(t)$ を求める．Δt の間，呼が一つも終了しない確率は $(1-\mu\Delta t)$ であるので，$n \to \infty$ の極限で次式を得る．

$$H(t) = \lim_{n\to\infty} \left(1 - \frac{\mu t}{n}\right)^n = e^{-\mu t} \tag{4.17}$$

この確率を，時間に対して図 4.11 に示す．式 (4.15) と同様，マルコフ過程の特徴である指数関数が現れる．

時刻 0 に一つの呼が終了し，つぎの呼が時刻 t から $t + \Delta t$ の間に終了する確率は，呼が一つも終了しない時間 t のあとに $\mu \Delta t$ の確率で終了することから，$H(t) \cdot \mu \Delta t$ となる．したがって，$H(t)\mu$ は保留時間の確率密度関数である．

平均保留時間は，次式より，$h = 1/\mu$ となる．

$$\int_0^\infty tH(t)\mu dt = \int_0^\infty te^{-\mu t}\mu dt = \frac{1}{\mu} \tag{4.18}$$

したがって，式 (4.4) より，呼量は

$$a = \frac{\lambda}{\mu} \tag{4.19}$$

と表せる．μ は，サービス機構にとっては単位時間あたりに処理する客数の平均値であるので，**平均サービス率**（average service rate）ともいう．

4.4 トラヒックモデルの定義

4.1 節では，高速自動車道路の料金ゲート（図 4.1）や銀行の ATM（図 4.2）を例にとり，トラヒック理論の役割を説明した．また，車や人の流れ方にはいくつかのパターンがあることも述べた．では，その流れ方のパターンを分類してみよう．

図 4.12 は，トラヒックモデルの基本構成を示す．モデルとして考慮に入れなければならない要素は，呼または客，待ち行列，およびサービス機構であり，それぞれの属性を数と確率過程の種類で表現することが行われる．英国の統計学者である David G. Kendall は，トラヒックモデルに適合する待ち行列モデルを，つぎのような簡単な記号で表現した．**ケンドールの記号**である．

$$A/B/s/K/Z$$

ここで，
- A：呼の生起過程，または客の到着過程
- B：呼の終了過程，またはサービスパターン
- s：サービス機構（回線や窓口など）の数
- K：システム容量，またはシステム内に存在できる最大客数

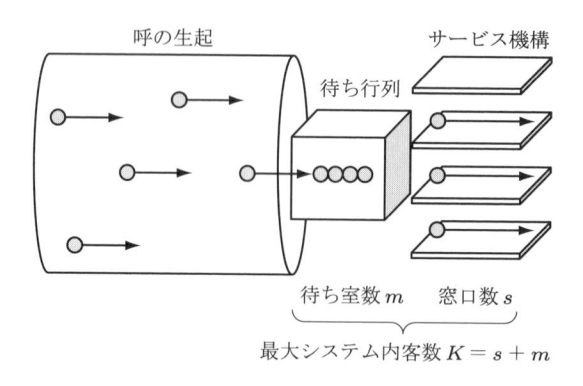

図 4.12 トラヒックモデルの基本構成

Z：サービス処理規律

である．

AとBは，それぞれ生起と終了に関する確率過程の種類を示すものである．代表例に，つぎのような記号で表すものがある．

M：マルコフ過程，または呼の生起などのようにある状態が継続する確率が指数関数となる分布

D：一定サービス時間のように一定値となる分布

G：すべての場合に適合できる一般分布

Zに示すサービス処理規律としては，到着順処理である **FCFS**（First Come First Service）または **FIFO**（First In First Out），逆順序処理である **LCFS**（Last Come First Service）または **LIFO**（Last In First Out），ランダム処理である **SIRO**（Service In Random Order）などがある．

具体例として，M/M/1/∞/FCFS は，客の到着がポアソン分布，サービス時間は指数関数分布，窓口が一つで，待ち行列は無限長に形成され，かつ到着順で処理される待ち行列モデルを示す．待ち行列モデルの多くは行列が無限に形成でき，到着順処理が一般的であるので，∞ と FCFS を省略し，前三つの記号のみの M/M/1 と表すことが多い．

通信システムにおけるトラヒックモデルでは，図 4.3 に示す電話交換機での通信量を扱うため，図 4.13 に示すような，交換線群モデルを考える．ここで，あいている出線に対して，どの入線からでも接続できる**完全線群**が，このモデルの対象となる．この場合，**輻輳**（congestion）とは，出線がすべて塞がって接続できない状態をいう．ま

た，輻輳時には接続を断念するシステムを**即時式**，あき回線が出るまで待ち行列にて待つシステムを**待時式**というが，これらはそれぞれあき回線がなければ即時に不通とする電話交換機と，転送データをバッファに蓄積してあくまで待機するパケット交換機に対応する．すなわち，電話網における回線交換方式は即時式であり，IP ネットワークにおけるパケット交換方式は待時式である．

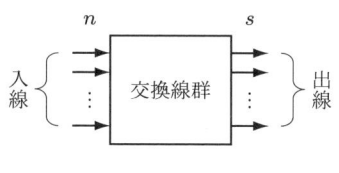

図 4.13 交換線群モデル

図 4.13 のように入線数 n，出線数 s でかつ即時式のモデルをケンドール記号で記述すると，

$\quad$ M(n)/M/s/s

となる．M(n) の n は入線数を示し，待ち行列がなく出線数 s とシステム容量が同じであるので後半が /s/s となる．待ち行列の容量を待ち室 m として出線数に含めて，上記の内容はつぎのようにも表現される．

$\quad$ M(n)/M/s(0)

さらに，入線数が ∞ で到着する呼量のみを考えればよい場合には，簡単に

$\quad$ M/M/s/s または M/M/s(0)

と記述する．

トラヒックモデルの簡略表記方法として，図 4.14 のように，入力，待ち室，サービス機構の三つの内容を略図で表すことが行われる．図で，S はサービス機構の意味である．図 (a) は，サービス機構が一つである待時式モデルを，図 (b) は待ち室をもたない即時式モデルを示す．行列が 1 列で窓口が三つある待時式モデルは，図 (c) のようになる．

(a) 待時式　　　　(b) 即時式　　　　(c) 待時式
　　　　　　　　　　　　　　　　　　　（窓口数3）

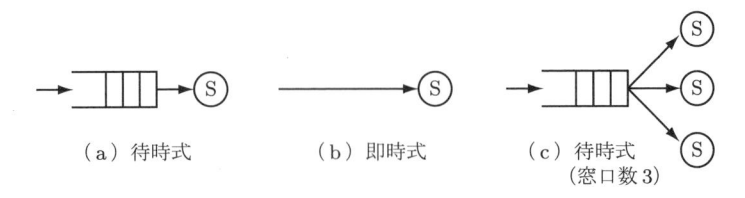

図 4.14　トラヒックモデルの表記例

4.5　即時式マルコフモデル M/M/s/s

4.5.1　アーラン分布

図 4.13 に示す交換線群モデルを用いて，サービス機構数を中継回線数とした電話交換機モデルを考える．入線数を無限大とした即時式マルコフモデルで，呼生起は生起呼数 λ のポアソン分布，保留時間は平均値 $1/\mu$ の指数関数分布に従う．したがって，到着する呼量は $a = \lambda/\mu$ であり，かつ出線数を s とする．ケンドール記号では M/M/s/s または M/M/s(0) である．

最初に求める確率は，時刻 t において r 個の呼が接続されている確率 $P_r(t)$ である．これは，システムにおいて r 個の呼が接続されている状態 r の存在確率が，時刻 t において $P_r(t)$ である，という意味である．出線数は s であるので，$0 \leq r \leq s$ より当然規格化条件

$$P_{-1}(t) = 0, \quad \sum_{i=0}^{s} P_i(t) = 1, \quad \text{および} \quad P_{s+1}(t) = 0 \tag{4.20}$$

を満足する．

呼の生起と終了はマルコフ過程であることから，4.3 節で定義したランダム過程であるとして，システム全体で独立性，定常性，希少性が成立するものとする．この結果，つぎの性質を仮定できる．

(1) 定常性（エルゴード性）より，確率 $P_r(t)$ は時間に無関係に一定である．すなわち，$dP_r(t)/dt = 0$ であることより，$P_r(t) = P_r$ とおく．
(2) 一つ一つの呼の生起と終了は区別できるほど，まれにしか起きない．したがって，微小時間 Δt 中に起きる状態遷移は，接続呼数が ± 1 だけ異なる隣どうしに対してのみとなる．これを**出生死滅過程**（birth-death process）という．

図 4.15 に，M/M/s/s の状態遷移図を示す．各状態から Δt 中に呼数が一つ増える状態へと遷移する確率は $\lambda \Delta t$ であり，逆に一つ減る状態へと遷移する確率は (呼数)$\times \mu \Delta t$

4.5 即時式マルコフモデル M/M/s/s

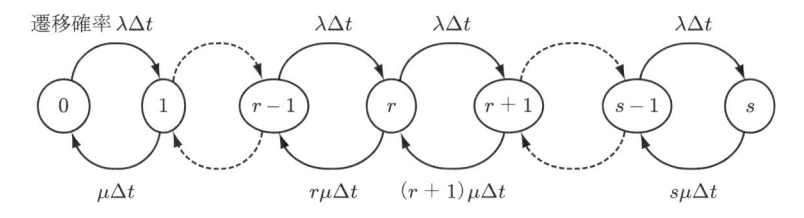

図 4.15 M/M/s/s の状態遷移図

である．定常状態であることから，状態 r から状態 $r \pm 1$ へと出る確率と，逆に状態 $r \pm 1$ から状態 r へと入る確率とは等しい．したがって，

$$P_r \lambda \Delta t + P_r r \mu \Delta t = P_{r-1} \lambda \Delta t + P_{r+1}(r+1)\mu \Delta t \tag{4.21}$$

となる．Δt を消去して，さらに $a = \lambda/\mu$ を用いて変形すると，次式となる．

$$(r+1)P_{r+1} - rP_r = a(P_r - P_{r-1}) \tag{4.22}$$

式 (4.22) に $r = 0, 1, 2, \cdots, i-1$ を代入して合計する．

$$
\begin{aligned}
r &= 0 & P_1 &= aP_0, \\
r &= 1 & 2P_2 - P_1 &= a(P_1 - P_0), \\
r &= 2 & 3P_3 - 2P_2 &= a(P_2 - P_1), \\
&\cdots \\
r &= i-1 & iP_i - (i-1)P_{i-1} &= a(P_{i-1} - P_{i-2}),
\end{aligned}
$$

を足し合わせると

$$iP_i = aP_{i-1}$$

より，次式が得られる．

$$P_i = \frac{a}{i}P_{i-1} = \frac{a^2}{i(i-1)}P_{i-2} = \cdots = \frac{a^i}{i!}P_0 \quad (i = 0, 1, \cdots, s) \tag{4.23}$$

式 (4.20) の規格化条件

$$\sum_{i=0}^{s} P_i = P_0 \sum_{i=0}^{s} \frac{a^i}{i!} = 1, \quad \text{より} \quad P_0 = 1 \Big/ \sum_{i=0}^{s} \frac{a^i}{i!} \tag{4.24}$$

となって，同時接続数が r 呼である確率

$$P_r = \frac{\dfrac{a^r}{r!}}{\displaystyle\sum_{i=0}^{s} \dfrac{a^i}{i!}} = \frac{\dfrac{a^r}{r!}}{1 + \dfrac{a}{1!} + \dfrac{a^2}{2!} + \cdots + \dfrac{a^s}{s!}} \quad (i = 0, 1, \cdots, s) \tag{4.25}$$

が求まる．式 (4.25) は，**アーラン分布**とよばれる．$s \to \infty$ の極限においてアーラン分布は，$(a^r/r!)\,e^{-a}$ のポアソン分布となる．すなわち，同時接続数の平均値は，到着呼量の a である．

すべての出線が接続され，塞がっている状態，すなわち輻輳となる確率は，$r=s$ とおいて

$$P_s = \frac{a^s/s!}{\displaystyle\sum_{i=0}^{s} a^i/i!} \equiv B_T \quad \text{（時間輻輳率）} \tag{4.26}$$

である．呼量に関する性質 3 より，式 (4.26) は，輻輳状態にある時間割合を示し，これを**時間輻輳率**という．

4.5.2 呼損率

即時式交換機において，サービス程度を示す尺度として用いられるものが**呼損率**である．これは，輻輳時に接続を断念された呼を失われた呼（**損失呼**）とし，その生起呼量に対する割合を求めたもので，呼損率 B は生起呼量を a，無事運ばれた呼量を a_c とおくと次式で定義される．

$$B \equiv \frac{a - a_c}{a} = 1 - \frac{a_c}{a} \tag{4.27}$$

呼損率を，図 4.16 に示すように，M/M/s/s モデルで求める．まず，運ばれる呼量の期待値 $\langle a_c \rangle$ は，式 (4.24) と (4.25) を用いて

$$\langle a_c \rangle = \sum_{r=0}^{s} r P_r = \left(\sum_{r=0}^{s} r \frac{a^r}{r!}\right) P_0 = a \left(\sum_{r=0}^{s} \frac{a^r}{r!} - \frac{a^s}{s!}\right) P_0 = a\,(1 - P_s)$$

となり，次式を得る．

$$B = 1 - \frac{\langle a_c \rangle}{a} = \frac{\dfrac{a^s}{s!}}{1 + \dfrac{a}{1!} + \dfrac{a^2}{2!} + \cdots + \dfrac{a^s}{s!}} = B_T \tag{4.28}$$

4.5 即時式マルコフモデル M/M/s/s

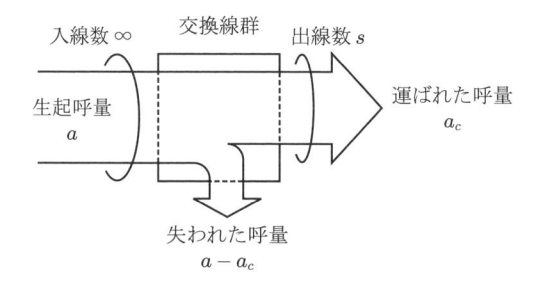

図 4.16 呼損率計算のモデル

（入線数 ∞，交換線群，出線数 s，生起呼量 a，運ばれた呼量 a_c，失われた呼量 $a - a_c$）

すなわち，呼損率は時間輻輳率に等しい．式 (4.28) は，**アーランの損失式**または **B 式**として知られるものである．

呼損率が時間輻輳率に等しいということは，つぎのように考えて理解することができる．生起した呼がシステムのサービスを受けようとしたとき，呼がサービスを受けられるかどうかは，すなわち呼損とならないかどうかは，そのとき輻輳に遭遇するかどうかで決まる．結局，呼損となる確率は，システムが輻輳状態となる時間の割合と同じであるということである．

一般に，マルコフ過程で生起する待ち行列モデルにおいて，定常状態では，任意の時刻にシステム内に存在する呼数（客数）が j である確率は，ある呼が生起する直前にシステム内にいる呼数（客数）が j である確率と等しい，ということが証明されている．すなわち，マルコフ生起の場合，呼がサービスを受けるときに遭遇するシステムの状態は，システムの平均的な状態に等しい．これを，**PASTA**（Poisson arrivals see time averages）の関係という．システムが輻輳しているときには，呼損率は時間輻輳率に等しい，という結果になる．

呼損率を求めるアーラン損失式では煩雑な計算を必要とするため，あらかじめ計算した結果を表にしておき，その表から呼量に対する出線数などを求めることが行われる．表 4.1 に，その例を示す．表において，各列は 0.001 などの一定の呼損率を示し，出線数ごとに必要となる呼量を示している．たとえば，呼損率を $B = 0.001$ と設定すると，呼量が 2.55749 から 3.09204 までの範囲にあるとき，出線は 10 本必要となる．

図 4.17 は，呼損率を一定にしたときの出線数に対する負荷呼量を示す．呼損率を一定にしたとき，出線数を増やせば，負荷呼量はほぼ直線的に増加できる．また，負荷呼量を一定にすると，出線数を増やせば，呼損率を下げることができる．

第4章 トラヒック理論

表 4.1 アーラン損失値

s	$B=$ 0.001	0.003	0.005	0.01	0.02	0.03
1	0.001001	0.003009	0.005025	0.010101	0.020408	0.030928
2	0.045756	0.080644	0.105402	0.152593	0.223467	0.281551
3	0.193837	0.288507	0.349003	0.455485	0.602206	0.715127
4	0.439275	0.602089	0.701199	0.869419	1.09226	1.25891
5	0.762115	0.994462	1.13204	1.36079	1.65714	1.87521
6	1.14591	1.44681	1.62183	1.90903	2.27588	2.54306
7	1.5786	1.94625	2.15747	2.50094	2.93541	3.24965
8	2.05133	2.48373	2.7299	3.12756	3.62705	3.98655
9	2.55749	3.05265	3.33259	3.78254	4.34473	4.74789
10	3.09204	3.64804	3.96066	4.46118	5.084	5.52942
11	3.65106	4.2661	4.61041	5.15992	5.84153	6.32796
12	4.2314	4.90382	5.2789	5.87599	6.61472	7.14104
13	4.83053	5.5588	5.9638	6.60717	7.40152	7.96673
14	5.44637	6.22905	6.6632	7.35168	8.20027	8.80347
15	6.07718	6.91295	7.37554	8.10804	9.00962	9.64999
16	6.7215	7.60913	8.09951	8.87503	9.82845	10.5052
17	7.37809	8.31643	8.83398	9.6516	10.6558	11.3683
18	8.04587	9.03386	9.57802	10.4369	11.4909	12.2384
19	8.72393	9.76056	10.3308	11.2301	12.333	13.115
20	9.41145	10.4958	11.0916	12.0306	13.1815	13.9974
21	10.1077	11.2389	11.8598	12.8378	14.036	14.8853
22	10.8121	11.9893	12.6349	13.6513	14.8959	15.7781
23	11.5241	12.7465	13.4164	14.4705	15.7609	16.6755
24	12.2432	13.51	14.2038	15.295	16.6306	17.5772
25	12.9689	14.2795	14.9968	16.1246	17.5046	18.4828
26	13.7008	15.0545	15.7949	16.9588	18.3828	19.3922
27	14.4385	15.8347	16.598	17.7974	19.2648	20.305
28	15.1818	16.6199	17.4057	18.6402	20.1504	21.2211
29	15.9304	17.4097	18.2177	19.4869	21.0394	22.1402
30	16.6839	18.2039	19.0339	20.3373	21.9316	23.0623
31	17.442	19.0023	19.854	21.1912	22.8268	23.987
32	18.2047	19.8047	20.6777	22.0483	23.7249	24.9144
33	18.9716	20.6108	21.505	22.9087	24.6257	25.8442
34	19.7426	21.4205	22.3356	23.772	25.5291	26.7763
35	20.5174	22.2337	23.1694	24.6381	26.4349	27.7106
36	21.296	23.0501	24.0063	25.507	27.3431	28.647
37	22.0781	23.8697	24.8461	26.3785	28.2536	29.5854
38	22.8636	24.6922	25.6887	27.2525	29.1661	30.5258
39	23.6523	25.5177	26.534	28.1288	30.0808	31.4679
40	24.4442	26.3459	27.3818	29.0074	30.9973	32.4118
41	25.2391	27.1767	28.2321	29.8882	31.9158	33.3574
42	26.0369	28.0101	29.0848	30.7712	32.836	34.3046
43	26.8374	28.846	29.9397	31.6561	33.758	35.2533
44	27.6407	29.6842	30.7969	32.543	34.6817	36.2035
45	28.4466	30.5247	31.6562	33.4317	35.6069	37.1551
46	29.2549	31.3674	32.5175	34.3223	36.5337	38.1081
47	30.0657	32.2122	33.3807	35.2146	37.4619	39.0624
48	30.8789	33.0591	34.2459	36.1086	38.3916	40.018
49	31.6943	33.908	35.1129	37.0042	39.3227	40.9748
50	32.5119	34.7589	35.9819	37.9014	40.2551	41.9327

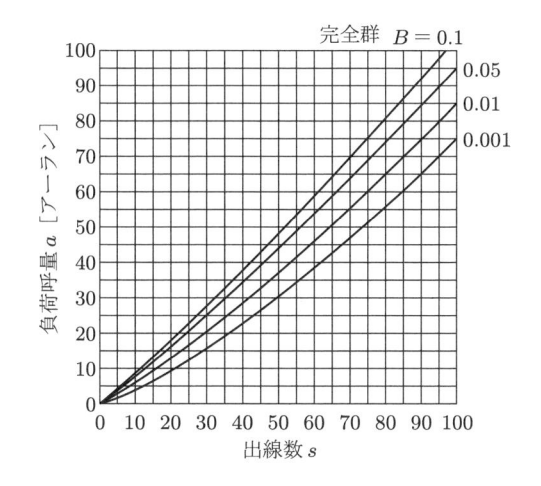

図 4.17　アーラン損失式による負荷呼量

4.5.3　回線能率

回線能率（回線使用率ともよばれる）η は，呼損のある交換線群において 1 回線あたりの運ばれた呼量で定義され，次式で求められる．

$$\eta \equiv \frac{a_c}{s} = \frac{a(1-B)}{s} \tag{4.29}$$

ここで，$a_c = a(1-B)$ を用いた．

図 4.18 は，呼損率を一定としたとき，出線数に対する回線能率を示す．出線数を増やすと，回線能率は増加する．すなわち，呼損率をある一定値に設定したとき，呼を分散して出線数の少ない小型交換機数台で処理するよりも，呼を集めて出線数の多い大型交換機 1 台で処理したほうが回線の能率が上がるということを示している．このことを**大群化効果**という．

例 4.3 ▶ アーラン損失表の利用

ある交換機に加わる呼量が 3.7 であるとき，呼損率を 0.01 と設定すると，
① 必要となる出線数は，表 4.1 より，9 回線である．
② 回線能率は $\eta = \dfrac{3.7(1-0.01)}{9} \approx 0.407$ となる．
③ 呼損率を 0.001 と設定すると，表 4.1 より 12 回線必要であるので，さらに 3 回線必要となる．

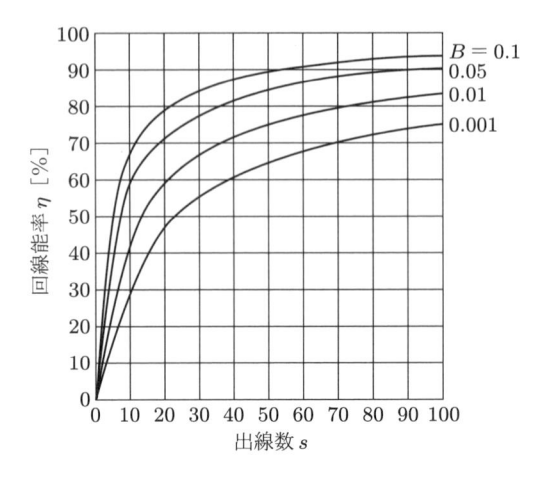

図 **4.18** 出線数と回線能率

章末問題

4.1 ある電話交換機において，測定時間 30 分でトラフィック調査をしたところ，10 個の呼があり，各呼の保留時間は表 4.2 の結果であった．①呼量，②平均保留時間，および③呼数密度を求めよ．

表 **4.2** 呼番号と保留時間

呼番号	1	2	3	4	5	6	7	8	9	10	単位
保留時間	2	25	3	10	5	2	1	8	15	4	分

4.2 ある回線群において 20 分間トラフィック調査をした．保留時間ごとの呼数を集計すると表 4.3 を得た．①呼量，②平均保留時間，および③呼数密度を求めよ．

表 **4.3** 保留時間に対する呼数

保留時間	100 秒	120 秒	160 秒	180 秒	200 秒
呼数	6	7	4	4	4

4.3 5 回線の電話設備について 60 分間トラフィック調査をしたところ，利用状況は表 4.4 のとおりであった．①呼量，②平均保留時間，および③呼数密度を求めよ．

4.4 確率に関するつぎの問いに答えよ．
(1) 10 人からなる会議において，議長，副議長，書記各 1 名を選ぶ方法は何通りあるか．ただし，兼任は認めないものとする．
(2) 10 人からなる会議において，3 人の委員を選ぶ方法は何通りあるか．ただし，委員

表 4.4　トラヒック調査結果（60 分）

回線番号	呼数	使用時間の合計
1	3	850 秒
2	4	1150 秒
3	5	1060 秒
4	2	940 秒
5	6	1400 秒

の職種での区別はつけないものとする.

(3) サイコロを 6 回投げて，1 が 4 回以上出る確率を求めよ.

4.5 式 (4.10) より式 (4.11) を求めよ. ただし，次の公式を用いよ.

$$\lim_{x \to \infty} \left(1 + \frac{\alpha}{x}\right)^x = e^\alpha$$

4.6 式 (4.11) のポアソン分布において，その分散 σ^2 は平均 $\langle k \rangle$ と同じであることを示せ. なお，分散は次式より求める.

$$\sigma^2 = \sum_{k=0}^{\infty} (k - \langle k \rangle)^2 P_k(t) \tag{4.30}$$

4.7 M/M/s/s モデルにおけるアーラン損失式 (4.28) は，呼量 a と出線数 s をパラメータにして $B \equiv E_s(a)$ と記述する. このとき，次の漸化式が成り立つことを証明せよ.

$$E_0(a) = 1 \tag{4.31}$$

$$E_{s+1}(a) = \frac{aE_s(a)}{s + 1 + aE_s(a)} \tag{4.32}$$

4.8 式 (4.28), (4.31), (4.32) を利用して，出線数と呼量に対する呼損率表を，表計算ソフトで作成せよ.

4.9 1000 台の電話機を収容する電話局において，電話機 1 台あたりの発信呼量を 0.1 アーランとし，そのうち 10％の呼が「0 発信」で市外局を経由するものとする. このとき，つぎの問いに答えよ.

(1) 「0 発信」時の呼損率を 0.01 以下とするのに必要な市外局への中継回線数を求めよ. また，このときの回線能率を求めよ.

(2) (1) の場合の回線数のままとしておいたとき，「0 発信」が 20％増加すると，呼損率はいくらとなるか. また，このときの回線能率を求めよ.

(3) (2) の呼量の場合，呼損率を 0.001 以下とするにはさらに何回線を必要とするか.

第5章　基本的な待ち行列理論

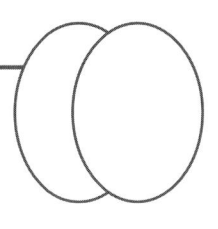

4章のトラヒック理論では，呼の生起と終了はポアソン過程に従うとした．ポアソン過程の特徴は，生起間隔分布と保留時間分布が指数関数で表せるということである．無記憶性という性質で表現されるように，もっとも単純で扱いやすい確率過程である．

マルコフ過程に従って到着・退出する客を扱う理論が，本章で解説する基本的な待ち行列理論である．客の性質としては，単純で扱いやすい．なお，非マルコフ過程に従う客は，6章の一般的な待ち行列理論で扱う．

5.1　トラヒック理論と待ち行列理論

パケット交換ネットワークにおける設計問題を扱う場合には，待ち行列理論を利用する．4章でのトラヒック理論と本章で述べる待ち行列理論とは，明確な区別や境界があるわけではない．電話交換機や回線交換ネットワークの設計問題を扱うものをトラヒック理論といい，バッファメモリで待ち行列が形成されるパケット交換機やパケット交換ネットワークの設計問題を扱うものを待ち行列理論ということで，本書では区別する．

待ち行列理論を記述するさまざまな学術書では，待ち行列が形成されるシステム一般の設計問題を扱うものが待ち行列理論であり，その一応用分野に情報通信ネットワークがあって，待ち行列理論をその分野に限ったものがトラヒック理論となっている．この場合，待ち行列を形成しないシステムを即時式とし，待ち行列を形成できるシステムを待時式として，それぞれ電話交換ネットワークとパケット交換ネットワークに対応させている（4.4節参照）．理論体系としては，こちらの区別のほうが整然としているが，情報通信分野での設計問題を扱うことが本書での目的であるため，前記のような用語の使い分けをする．

しかしながら，数学上での定義は同じであるが，トラヒック理論と待ち行列理論で

5.2 リトルの公式

表 5.1 トラヒック理論と待ち行列理論の用語と記号

記号	トラヒック理論	待ち行列理論
	呼	客
	生起	到着
$a\ (=\lambda/\mu)$	呼量，トラヒック強度	負荷
$h\ (=1/\mu)$	平均保留時間	平均サービス時間
$\lambda\ (=c)$	呼数密度	平均到着率
$\mu\ (=1/h)$	平均終了率	平均サービス率
s	回線数	窓口数，サービス機構数
K	システム容量	最大システム内客数
$L\ (=\lambda W)$ 注2	—	平均システム内客数
$L_q\ (=\lambda W_q)$ 注2	—	平均待ち行列長
W	—	平均システム時間
W_q	—	平均待ち行列時間

注1：二重線より下段は，待ち行列理論のみで使用する
注2：リトルの公式

異なった用語を用いている場合がある．たとえば，「呼」と「客」である．4章では各用語を「〜ともいう」と並列して記述したが，混乱を避けるため，各理論の用語と記号を，表5.1にまとめて示す．「呼が生起すること」と「客が到着すること」は同じ内容であり，電話交換機における「呼量」はパケット交換機では「負荷」となる．

5.2 リトルの公式

5.2.1 公式の説明

待ち行列システムの構成を図5.1に示す．システムの構成要素は，待ち行列と窓口（サービス機構）の二つである．図は，図4.12と同じ構成であり，モデルの表記方法としては，通常図4.14のトラヒックモデルが用いられる．客の平均到着率をλ，窓口での平均サービス率をμとおくが，到着と終了の性質がポアソン過程であることを仮定しているものではない．

定常状態において，システム内にいる客数の平均を，**平均システム内客数**Lとすると，これは行列の長さの平均であるL_qと，窓口にてサービスを受けている客数の平均値との合計である．また，客がシステムに到着してから退出までに内部で要する時

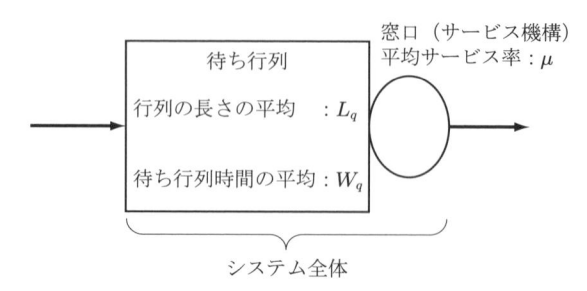

```
          窓口（サービス機構）
          平均サービス率：μ
    待ち行列
    行列の長さの平均：$L_q$
    待ち行列時間の平均：$W_q$
          システム全体
平均システム内客数（システム内にいる客数の平均）：$L$
平均システム時間（システム内全所要時間の平均）：$W$
```

図 5.1 待ち行列システムのモデル

間の平均を**平均システム時間** W とすると，それは行列に並んで待つ時間の平均，これを**平均待ち行列時間** W_q とする，と窓口での平均サービス時間 $1/\mu$ の合計である．すなわち，次式のようになる．

$$W = W_q + 1/\mu \tag{5.1}$$

ここで，平均システム内客数と平均システム時間には，一般に

$$L = \lambda W \tag{5.2}$$

の関係がある．これを，**リトルの公式**（Little's law）という．

この公式は，図 5.2 により直感的に理解することができる．図は，待ち行列システムに客が到着し，サービスを受けて退出する場面を示している．ある客 A は，システムに時間 T_{in} に到着し，サービスを受けて時間 T_{out} に退出したとする．すなわち，所要時間は $W_A = T_{out} - T_{in}$ である．サービス処理規律がFCFSであるとすると，T_{out} までに客 A の前で行列している客はすべてサービスを受けて退出し，A の後ろには λW_A の客が行列しているはずである．したがって，退出するとき振り返ってシステムをみると，λW_A の客がシステム内に存在する．定常状態では，A が到着したときにシステム内にいる客数と退出するときの客数の平均は，同じ $L = \lambda W$ となって，公式の関係となる．

より厳密な説明には，図 5.3 に示すような，システム内にいる客数の時間変化を用いる．時間 $[0, t]$ にシステムに到着した客数の累積値を $A(t)$，同じ時間 $[0, t]$ にシステムから退出した客数の累積値を $R(t)$ とすると，時刻 t においてシステム内にいる客数 $L(t)$ は

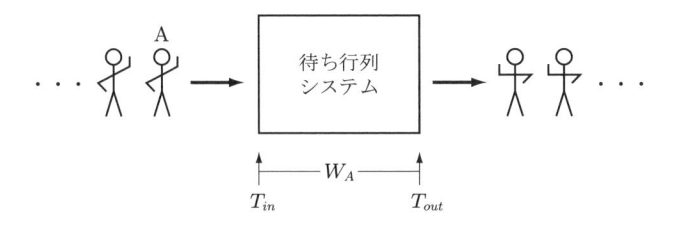

図 5.2 待ち行列システムでの客の到着と退出

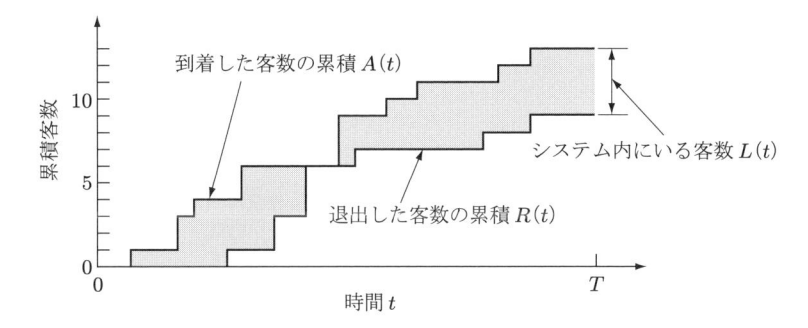

図 5.3 システム内にいる客数の時間変化

$$L(t) = A(t) - R(t) \tag{5.3}$$

である．ある時間 $[0,T]$ で平均した客数を L とおくと，客数 $L(t)$ を時間 $[0,T]$ で積分した値 S，すなわち図 5.3 においてグレーで塗りつぶした部分の面積は，

$$S = \int_0^T L(t)dt = L \cdot T \tag{5.4}$$

となる．一方，この面積は，$[0,T]$ に到着した客全員による滞在時間合計でもあるので，滞在時間の平均，すなわち平均システム時間を W とすると，

$$S = A(T) \cdot W \tag{5.5}$$

となる．平均到着率は $\lambda = A(T)/T$ であるので，両式 (5.4), (5.5) を T で割れば式 (5.2) が得られる．

面積 S は客全員による滞在時間合計であるので，滞在時間を客全員で平均化する限りはサービス処理規則には依存しない．したがって，図 5.2 での説明と異なり，リトルの公式 (5.2) はサービス処理規律には無関係で成立することが理解される．同様に，到着過程や終了過程にも制約がなく，一般的な待ち行列システム G/G/S において成

立する．

また，これまでシステム全体でリトルの公式が成り立つことを説明したが，待ち行列そのものを一つのシステムとすれば同様な考察を行うことができ，同じような関係式が成立する．すなわち，

$$L_q = \lambda W_q \tag{5.6}$$

である．さらに，式 (5.1)，(5.2)，(5.6) より，次式のように，負荷 a との関係が導かれる．

$$L = L_q + a \tag{5.7}$$

平均システム時間や待ち行列時間を直接導出することは困難な場合が多いので，多くの場合平均システム内客数や平均待ち行列長を求めてから，これらの平均時間を求めることが行われる．

例 5.1 ▶ スーパーのレジにおける待ち行列

あるスーパーはレジが数台あるが，客が 1 列に並ぶようにしている．10 分間に平均 5 人の客が，レジでの精算のために並ぶ．行列の長さが平均すると $L_q = 2.5$ 人であるとき，平均待ち行列時間は次式となる．

$$\lambda = \frac{5\,\text{人}}{10\,\text{分}} = 0.5\,[\text{人}/\text{分}] \quad \text{より，} \quad W_q = \frac{L_q}{\lambda} = \frac{2.5}{0.5} = 5\,[\text{分}]$$

また，客の平均サービス時間を $h = 5$ 分とすると，

$$a = \lambda h = 0.5 \times 5 = 2.5\,[\text{アーラン}]$$

となり，平均 2.5 台のレジに客がいて精算をしていることになる．

5.2.2 損失のあるシステムへの適用

図 5.2 や図 5.3 におけるリトルの公式では，システムに到着した客はすべてサービスを受けて退出している．待ち行列の長さを無限にできるシステムでの定常状態ではこの仮定は成立するが，行列の長さに制限がある場合，行列の制限長まで客で満たされると，新たに到着した客は，サービスを受けられずに，または拒否されて退出する．これは即時式での呼損である．この場合，リトルの公式は，どのような表現となるのだろうか．

5.2 リトルの公式

損失のある待ち行列システムでのモデルを，図 5.4 に示す．平均到達率 λ で到達する客のうち，ある客はシステムの一部であるサブシステムでサービスを受けるが，一部は損失となる．サービスを受ける客は，到達率 λ_1 で，平均システム内客数 L_1，平均システム時間 W_1 のサブシステムで全員サービスを受ける．一方，サービスを拒否されて損失となる客の到達率を λ_2 とおくと，

$$\lambda = \lambda_1 + \lambda_2 \tag{5.8}$$

となることは自明である．

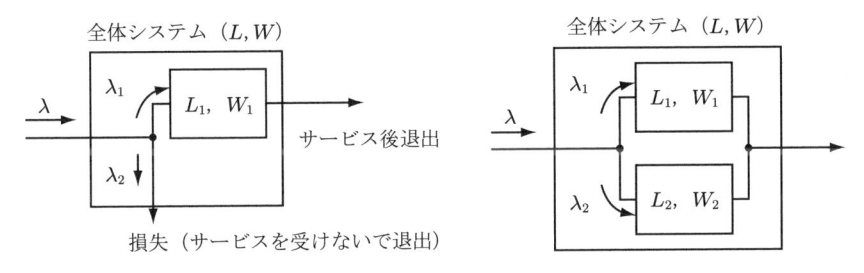

図 5.4 損失のある待ち行列システム **図 5.5** 二つの待ち行列システムのモデル

図 5.4 のモデルを考える前に，まず図 5.5 のように，二つの待ち行列システムがある並列モデルを考える．平均到達率 λ で到着した客は，何らかの理由により分割されて，別々のサブシステムでサービスを受けるとする．各サブシステムにおける平均システム内客数と平均システム時間を，それぞれ (L_1, W_1), (L_2, W_2) とすると，各サブシステム内では次式のリトルの公式が成立する．

$$L_1 = \lambda_1 W_1, \text{ および } L_2 = \lambda_2 W_2 \tag{5.9}$$

つぎに，二つのサブシステム全体を一つの待ち行列システムとして，その平均システム内客数 L と平均システム時間 W を考える．平均システム時間は，客がシステム内にて滞在する時間の平均であるので，各サブシステムでの平均システム時間を客数により加重平均して求めると，

$$W = \frac{\lambda_1 W_1 + \lambda_2 W_2}{\lambda_1 + \lambda_2} = \frac{L_1 + L_2}{\lambda_1 + \lambda_2} = \frac{L}{\lambda} \tag{5.10}$$

となる．すなわち，全体システムでのリトルの公式が成立する．ここで，式 (5.8), (5.9) を用い，$L = L_1 + L_2$ とした．全体システムでのシステム内客数は各サブシステムで

の客数の合計である．

損失のある待ち行列システムとは，図 5.5 のモデルにおいて，$L_2 = 0, W_2 = 0$ とすることに相当する．すなわち，

$$L = L_1 = \lambda W = \lambda_1 W_1 \tag{5.11}$$

となり，損失した客を考慮する必要がなく，リトルの公式を利用できる．ただし，各平均システム時間は

$$W = L_1/\lambda, \quad W_1 = L_1/\lambda_1 \tag{5.12}$$

となり，当然なことながら，平均化の対象となる客の数によって異なることに注意を要する．

5.3 M/M/1/∞

M/M/1/∞ モデルは，客の到着と終了がポアソン過程，窓口は一つで，行列が無限長に形成できるという，待ち行列システムの中ではもっとも簡単なモデルである．簡単のため，∞ を省略して，通常 M/M/1 と書かれる．

4.5 節での導出と同様，システムが定常状態にあることを仮定して，平均到達率を λ，平均サービス率を μ とし，出生死滅過程を用いる．システム内の客数が r である状態 r の状態遷移図を，図 5.6 に示す．図において，遷移確率 $\lambda \Delta t, \mu \Delta t$ と書くべきところを，簡単のため λ と μ とした．窓口は一つしかないので，左側遷移の確率は μ である．ちなみに，状態 0 とはシステム内に客がいないことを，状態 1 とは窓口にサービスを受けている客が 1 人いて，行列には誰も並んでいないことを，状態 2 とは窓口に客が 1 人と行列に 1 人並んでいることを，それぞれ示す．

状態 r の存在確率を P_r とおくと，図 5.6 より

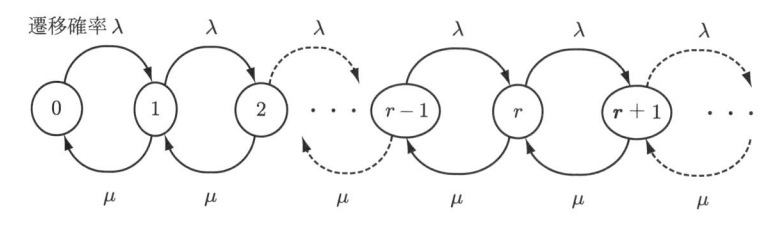

図 5.6 M/M/1 の状態遷移図

$$P_r(\lambda+\mu) = \lambda P_{r-1} + \mu P_{r+1}$$

さらに

$$P_{r+1} - P_r = a(P_r - P_{r-1}) \tag{5.13}$$

となる．式 (4.19) と同様に，$r=0$ より順次足し合わせて導出すると，

$$P_r = aP_{r-1} = \cdots = a^r P_0 \tag{5.14}$$

を得る．規格化条件は

$$\sum_{r=0}^{\infty} P_r = P_0\left(1 + a + a^2 + \cdots + a^r + \cdots\right) = \frac{P_0}{1-a} = 1 \tag{5.15}$$

であることから，次式が求まる．

$$P_0 = 1 - a \tag{5.16}$$

$$P_r = a^r(1-a) \tag{5.17}$$

式 (5.15) の級数が収束するためには，$0 \leq a < 1$ という条件が必要である．すなわち，$\lambda < \mu$ であること，平均到着率より平均サービス率のほうが大きいこと，逆数をとると平均到着間隔より平均サービス時間が短いことが必要である．これは当然なことで，到着間隔よりサービス時間が長ければ客は行列にたまりだし，やがて無限長となる．

また，式 (5.16) は，$1 - P_0 = a$ と表せる．$1 - P_0$ は，システム内にいる客が 0 でない確率，すなわち窓口が稼働中である確率であり，稼働中である時間割合と解釈できる．それが負荷 a に等しいことを，この式は意味する．これは，4.2.2 項において，呼量の性質 2 として述べた内容である．したがって，式 (5.16) は M/M/1 だけではなく，G/G/1 システムにおいても成立する．

システム内にいる客数の平均 L は（章末問題 5.3 参照），

$$L = \langle r \rangle = \sum_{r=0}^{\infty} rP_r = (1-a)\sum_{r=0}^{\infty} ra^r = \frac{a}{1-a} \tag{5.18}$$

となる．図 5.7 に，負荷 a に対する L を示す．a が 1 に漸近すると，L は無限大となる．また，平均システム時間 W は，リトルの式 (5.2) より，

$$W = \frac{L}{\lambda} = \frac{1}{\mu}\frac{1}{1-a} = \frac{1}{\mu - \lambda} \tag{5.19}$$

となる．負荷のない $a = 0$ の場合，$W = 1/\mu$ となる．待ち行列は形成されないので，システム時間はサービス時間と一致する．

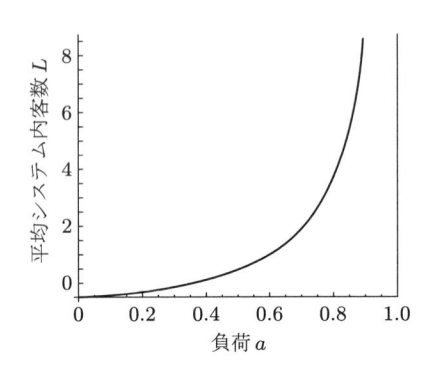

図 5.7 負荷に対する平均システム内客数

待ち行列の長さの平均 L_q は，$(r-1)$ 人が行列に並んでいるはずであるので，

$$L_q = \sum_{r=1}^{\infty}(r-1)P_r = (1-a)\sum_{r=1}^{\infty}(r-1)a^r = \frac{a^2}{1-a} \tag{5.20}$$

となり，待ち行列時間の平均 W_q は，

$$W_q = \frac{L_q}{\lambda} = \frac{1}{\mu}\frac{a}{1-a} = \frac{\lambda}{\mu}\frac{1}{\mu - \lambda} \tag{5.21}$$

となる．式 (5.19) と式 (5.21) より，式 (5.1) と同じ $W = W_q + 1/\mu$ を得ることができる．

─ 例 5.2 ▶ 占いの待ち時間 ─────────

ある占い師の占いは，評判がよく行列が果てしなく続くことがある．1 人あたりの平均占い時間は 10 分であり，客は平均 15 分間隔で訪れる．このとき，

① 占い師の館内にいる客全部の平均総数は

$\lambda = 1/15 \, [1/分]$，$\mu = 1/10 \, [1/分]$ より，

$a = \lambda/\mu = 2/3$，$L = a/(1-a) = 2$

であるので，2 人，

② 並んでから占い終わるのにかかる時間の平均は，

$$W = L/\lambda = 2 \times 15 = 30 \ [分]，$$

③ 行列の長さの平均は

$$L_q = aL = 2 \times 2/3 \approx 1.33 \ [人]，$$

④ 行列に並んでいる時間の平均は

$$W_q = aW = 2/3 \times 30 = 20 \ [分]，$$

である．

5.4　M/M/s/K

M/M/s/K モデルは，客の到着と終了がポアソン過程，窓口数は s，システム内に存在できる客数は K，したがって，待ち行列の長さは最大で $K-s$，という有限待ち行列モデルの基本となるものである．待ち行列が塞がっているときに到着した客は，サービスを受けることなく退出する．システム側からみると，客を拒否する．したがって，到着した客に対して拒否された客の割合を求めることがこのモデルの目的である．その割合を**廃棄率**，**損失率**ともいう．

システム内にいる客数 r が s より小さい場合は，待ち行列は形成されず，到着した客は直接窓口でサービスを受ける．r が s と K の間にある場合，客は待ち行列に並んだあと，FCFS などの処理規律に従い窓口に向かう．r が K より大きい場合には，拒否される．したがって，客数が r である状態に対する状態遷移図は，r が s より小さい場合と大きい場合とに分けられる．

M/M/s/K モデルの状態遷移図を，図 5.8 に示す．システム内の客数が r である状態の確率 P_r は，図より，つぎのようにして求めることができる．

(a) $0 \leq r < s$ のとき

$(\lambda + r\mu)P_r = \lambda P_{r-1} + (r+1)\mu P_{r+1}$ より

$$(r+1)P_{r+1} - rP_r = a(P_r - P_{r-1}) \tag{5.22}$$

式 (4.19) の導出と同様にして，次式を得る．

第 5 章 基本的な待ち行列理論

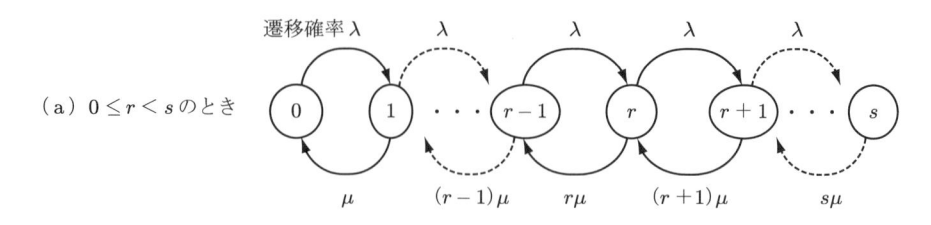

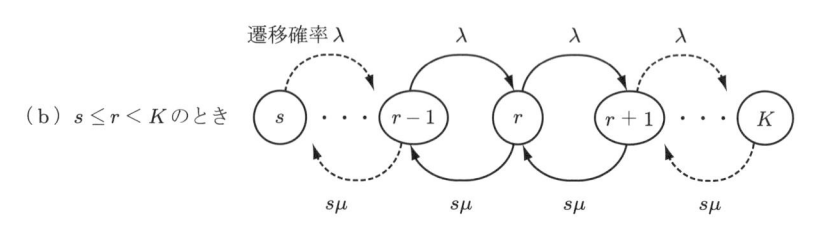

(a) $0 \leq r < s$ のとき

(b) $s \leq r < K$ のとき

図 5.8 M/M/s/K の状態遷移図

$$P_r = \frac{a^r}{r!} P_0 \quad (r = 0, 1, \cdots, s-1) \tag{5.23}$$

(b) $s \leq r \leq K$ のとき

$(\lambda + s\mu) P_r = \lambda P_{r-1} + s\mu P_{r+1}$ より

$$P_{r+1} - P_r = (a/s)(P_r - P_{r-1}) \tag{5.24}$$

$$P_r = \left(\frac{a}{s}\right)^{r-s} P_s = \left(\frac{a}{s}\right)^{r-s} \frac{a^s}{s!} P_0 \quad (r = s, s+1, \cdots, K) \tag{5.25}$$

となる.さらに,規格化条件より,

$$\begin{aligned}
1 &= \sum_{r=0}^{K} P_r = \sum_{r=0}^{s-1} P_r + \sum_{r=s}^{K} P_r \\
&= \left\{ \sum_{r=0}^{s-1} \frac{a^r}{r!} + \frac{1-(a/s)^{K-s+1}}{1-a/s} \frac{a^s}{s!} \right\} P_0
\end{aligned}$$

であるので,P_0 は次式となる.

$$P_0 = \left\{ \sum_{r=0}^{s-1} \frac{a^r}{r!} + \frac{1-\rho^{K-s+1}}{1-\rho} \frac{a^s}{s!} \right\}^{-1} \tag{5.26}$$

ここで,$\rho = a/s$ とした.ρ は,1 窓口あたりの負荷であり,**利用率**という.サービス

機構が通信回線の場合は，1回線あたりの使用率となる．$0 \leq \rho < 1$ であれば，1窓口あたりの平均負荷は，窓口の能力以上とならない．

システム内の客数が r となる確率 P_r に関する式 (5.23), (5.25) より，以下のようにさまざまな公式を得ることができる．

まず，システム内に客が満杯で塞がっている確率である**輻輳確率**は，式 (5.25) より，$r = K$ なので次式となる．

$$P_K = \frac{a^s}{s!} \rho^{K-s} P_0 = B \quad （廃棄率） \tag{5.27}$$

この式は，輻輳となる時間の割合でもある．また，ポアソン到着に対しては PASTA の関係が成立することから，廃棄率でもある．

新たに到着した客が待ち行列に並ぶ確率を**待ち率** M とすると，それは，システム内の客数が $r = s, \cdots, K-1$ である確率の合計であるので，

$$M = \sum_{r=s}^{K-1} P_r = \frac{a^s}{s!} \sum_{r=s}^{K-1} \rho^{r-s} P_0 = \frac{a^s}{s!} \frac{1 - \rho^{K-s}}{1 - \rho} P_0 \tag{5.28}$$

となる．

待ち行列の長さの平均 L_q は，次式より求める．

$$\begin{aligned} L_q &= \sum_{r=s+1}^{K} (r-s) P_r = \frac{a^s}{s!} P_0 \sum_{k=1}^{K-s} k \rho^k \\ &= \frac{a^s}{s!} P_0 \left\{ \frac{\rho(1-\rho^{K-s})}{(1-\rho)^2} - \frac{(K-s)\rho^{K-s+1}}{1-\rho} \right\} \\ &= M\rho \left(\frac{1}{1-\rho} - \frac{(K-s)\rho^{K-s}}{1-\rho^{K-s}} \right) \end{aligned} \tag{5.29}$$

ここで，式 (5.28) と章末問題 5.3 にある式 (5.51) を用いた．平均待ち行列時間 W_q は，リトルの公式より式 (5.29) を λ で割って，

$$W_q = M \frac{1}{\mu s} \left\{ \frac{1}{1-\rho} - \frac{(K-s)\rho^{K-s}}{1-\rho^{K-s}} \right\} \tag{5.30}$$

となる．さらに，平均システム内客数 L は，客数 r の平均値であるので，

$$L = \langle r \rangle = \sum_{r=0}^{K} r P_r = P_0 \sum_{r=0}^{s-1} r \frac{a^r}{r!} + P_0 \frac{a^s}{s!} \sum_{r=s}^{K} r \rho^{r-s}$$

$$= L_q + a(1-B) \tag{5.31}$$

となり（章末問題 5.5），式 (5.7) において，拒否された客の割合を減じた負荷である $a(1-B)$ を，新たな負荷とする関係を得る．平均システム時間 W は

$$W = W_q + (1-B)/\mu \tag{5.32}$$

となる．拒否された客のシステム時間は 0 であるので，その分のみ平均時間は減少する．

(a) M/M/s/∞

待ち行列の長さを無限大とするモデルである M/M/s/∞（または M/M/s という）を考える．負荷が $0 \le \rho < 1$ であれば，システムは収束し，定常状態が形成される．その結果，廃棄率が 0 となり，到着したすべての客はサービスを受けて退出する．

$K \to \infty$ とすると，式 (5.26), (5.28), (5.30) および式 (5.32) は

$$P_0 = \left(\sum_{r=0}^{s-1} \frac{a^r}{r!} + \frac{1}{1-\rho} \frac{a^s}{s!} \right)^{-1} \tag{5.33}$$

$$M = \frac{a^s}{s!} \frac{1}{1-\rho} P_0 \tag{5.34}$$

$$W_q = M \frac{h}{s-a} \tag{5.35}$$

$$W = h \left(\frac{M}{s-a} + 1 \right) \tag{5.36}$$

となる．このうち，式 (5.34) は**アーラン C 式**といわれ，待時式完全群通信システムモデルでは頻繁に利用される関係式である．

アーラン C 式は，アーラン B 式と同様，煩雑な計算を必要とするため，実際の設計作業ではあらかじめ計算した図表を用いることが多い．

図 5.9 には，窓口数 s をパラメータとした，利用率に対する待ち率の計算例を示す．利用率が増えれば当然待ち率は増加するが，同じ利用率に対して，窓口数が増えると待ち率は急激に減少する．負荷を集めて大型の店舗で処理するほうが効率的となるという，大群化効果が現れている．図 5.10 は，平均保留時間を単位として表した平均待ち行列時間 W_q/h を利用率に対して示す．$W_q/h = M/(s-a)$ であるので，図 5.9 と同様な傾向を示すが，待ち時間を求める際には，この図を用いる．

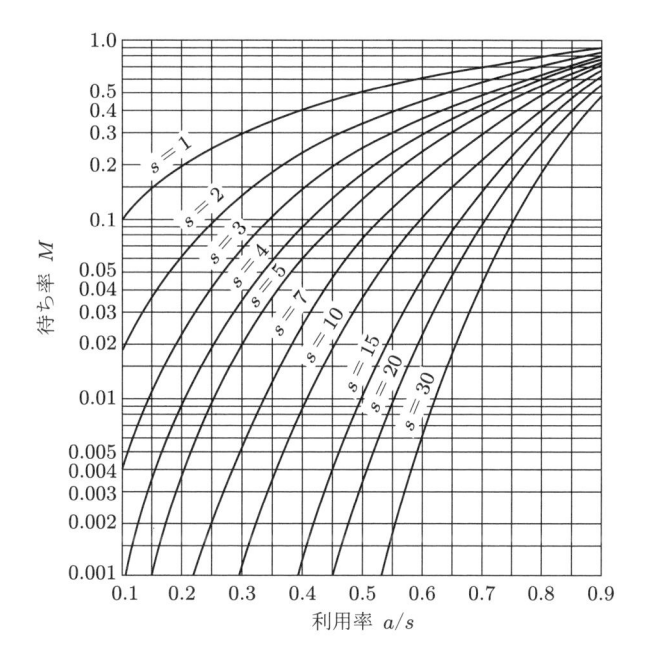

図 5.9　M/M/s モデルにおける利用率に対する待ち率

例 5.3 ▶ PBX 制御装置における平均待ち行列時間

ある PBX（Private Branch eXchange：構内交換機）では，内線電話の受話器を取り上げたとき，PBX の制御装置が発信呼順に待ち行列に並んだ状態で応答する．この PBX に 1.5 アーランの負荷が加わるものとする．呼の平均保留時間が 50 秒である場合，平均待ち行列時間を 100 ms 以下とするために必要な出線数は，

$$W_q/h = 100 \times 10^{-3}/50 = 2 \times 10^{-3}$$

以下としなければならない．そこで，図 5.10 より横軸である a/s を求めて，
　1.5 [アーラン]/4[回線] = 0.375 では，W_q/h は 0.02 以上，
　1.5 [アーラン]/5[回線] = 0.3 では，$W_q/h \approx 5.0 \times 10^{-3}$，
　1.5 [アーラン]/6[回線] = 0.25 では，$W_q/h \approx 1.0 \times 10^{-3}$，
であることから，6 回線以上となる．

(b)　M/M/1/K

M/M/1/K は，有限待ち行列システムのもっとも簡単なモデルであり，さまざまな例題に利用される．行列は 1 列で最大長が $K-1$，窓口は一つ，システム内に存在で

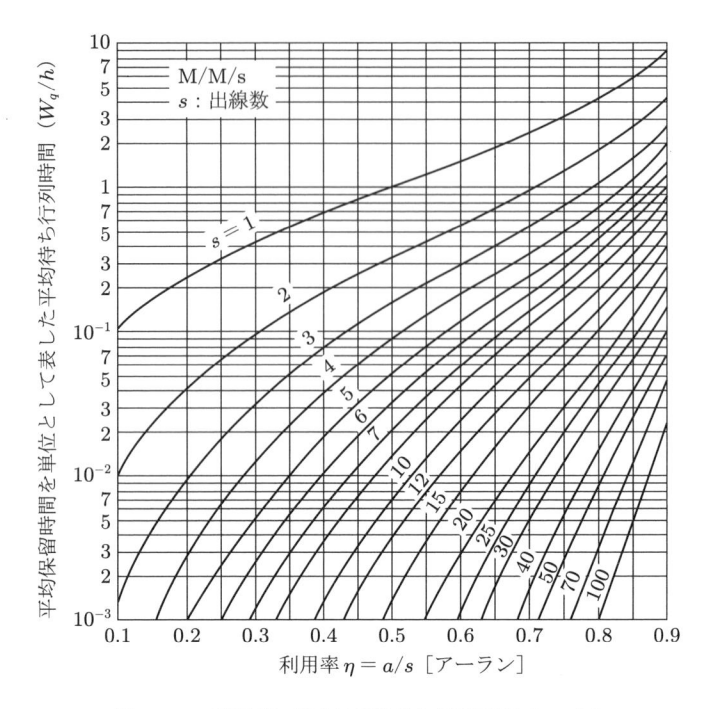

図 5.10 利用率に対する平均待ち行列時間 (W_q/h)

きる客数は K であり，それ以上の到着客はシステム内に入れずに退却させられる．

式 (5.26), (5.27), (5.28), (5.30), および式 (5.32) は，$s=1$ とおいて，

$$P_0 = \frac{1-a}{1-a^{K+1}} \tag{5.37}$$

$$P_K = \frac{(1-a)a^K}{1-a^{K+1}} \equiv B \tag{5.38}$$

$$M = \frac{a\left(1-a^{K-1}\right)}{1-a^{K+1}} = 1 - P_0 - B \tag{5.39}$$

$$W_q = Mh\left\{\frac{1}{1-a} - \frac{(K-1)a^{K-1}}{1-a^{K-1}}\right\} \tag{5.40}$$

$$W = h\left(\frac{1-a^K}{1-a} - Ka^K\right) = W_q + h(1-B) \tag{5.41}$$

を得る．式 (5.39) は，$P_0 + M + B = 1$ となり，これは規格化条件である．また，式 (5.37), (5.38) より

$$1 - P_0 = a(1 - B) \tag{5.42}$$

を得る．M/M/1 での式 (5.16) と比較すると，システム内に存在する客が与える負荷は，拒否された客を除いた $a(1-B)$ であることを式 (5.42) は示す．

図 5.11 に，負荷に対する廃棄率を示す．負荷が大きくなると，当然廃棄率は増加するが，最大待ち行列長 $(K-1)$ が長くなると廃棄率は急速に減少する．有限待ち行列モデルでは，窓口の処理能力以上に負荷が到着する場合でも定常状態は形成される．能力以上の負荷は，廃棄されるためである．図では負荷 a が 1 以上である部分が，この場合に相当する．

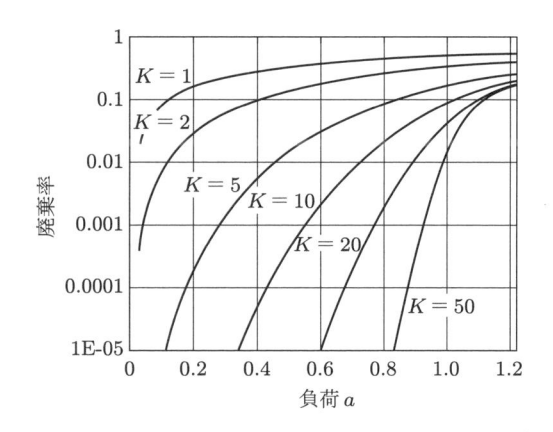

図 **5.11** M/M/1/K モデルにおける負荷に対する廃棄率

例 5.4 ▶ パケット交換機の廃棄率

待ち行列システムをパケット交換機の設計に利用する場合，客はパケット，待ち行列はパケットを蓄積するバッファメモリ，待ち行列の長さはバッファメモリ容量，窓口は通信回線，保留時間はパケット転送時間に対応する．したがって，到着するパケットの平均ビット長を L_p [ビット]，回線の伝送速度を B_c [bps] とすると，平均保留時間は L_p/B_c [s] となる．

あるパケット交換機には，毎秒 10000 パケットが到着する．到着するパケットの長さは指数関数に従って分布しており，平均の長さは 8000 ビットである．このパケット交換機の出力伝送路は 100 Mbps の回線が 1 本しかなく，かつ 10 パケットしかバッファ内に蓄積できないとする．この交換機の廃棄率 P_K は，

$$\lambda = 10^4 \text{ [パケット/s]}, \quad h = 8000/100 \times 10^6 = 8 \times 10^{-5} \text{ [s]}$$

より

$$a = \lambda h = 10^4 \times 8 \times 10^{-5} = 0.8$$

であるから，式 (5.38) より

$$P_K = \frac{(1-0.8)0.8^{10+1}}{1-0.8^{10+1+1}} \approx 0.018$$

となる．

また，廃棄率を 10^{-3} 以下とするためには，式 (5.38) の K を 24 以上としなければならないことから，バッファ容量を 23 パケット以上とする必要がある．

5.5 形態比較

前節までに各モデルの理論式を導いた．現実の通信システムを設計し構築する場合，そのシステムの属性をいかに抽出し，どのようなモデルを適用するかは，理論を導くことと同等以上に重要で価値のある課題である．そのためには，待ち行列システムの特性を理解する必要がある．そこで本節では，待ち行列システムの特性を，各モデルの理論式から得られる結果により説明する．

5.5.1 無限長待ち行列システム

平均到着率 λ の負荷を，平均サービス率 μ で処理する窓口が s 個，または処理能力の合計が $s\mu$ である待ち行列システムを考える．簡単のため，考察の対象を無限長の行列とすることが可能な無限長待ち行列システムとし，図 5.12 に示すように，合計処理能力が同じである三つの形態について，性能比較することにする．

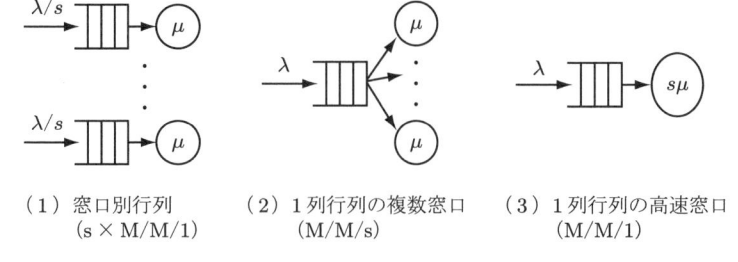

（1）窓口別行列　　（2）1列行列の複数窓口　　（3）1列行列の高速窓口
　　（s × M/M/1）　　　　　（M/M/s）　　　　　　　（M/M/1）

図 5.12　無限長待ち行列システムにおける三つの形態

(1) 窓口別行列システム（s × M/M/1）

このシステムでは，窓口別に行列ができ，負荷は各窓口別に s 等分される．ただし，客は窓口を選択することはできず，各行列の確率的性質は同じとする．高速自動車道の料金所や駅の切符販売機ではよくみられる光景であるが，客は短い行列に並ぶことを選択するので，実際の場面とは若干異なる．

(2) 1 列行列の複数窓口システム（M/M/s）

行列は 1 列に形成され，行列の先頭にいる客はあいている窓口に向かうシステムである．銀行 ATM やトイレの並びでみられる光景である．(1) よりこのシステムのほうが，平等で効率的であるといわれている．通信システムでは，複数回線に情報を分散して転送する場合に相当する．

(3) 1 列行列の高速窓口システム（M/M/1）

行列は 1 列，窓口も一つであるが，窓口の処理能力が上記のシステムの s 倍で，その結果平均保留時間は $1/s\mu$ となるシステムである．高速自動車道料金所で ETC（通行料金決済システム）を利用する場合や，通信システムにおいて多重化装置により出口伝送路を 1 本とし，伝送路の伝送速度を s 倍にした場合に相当する．

各システムの平均システム時間は，式 (5.19)，(5.36) より

$$W_1 = \frac{1}{\mu - \lambda/s} = \frac{h}{1-\rho} \tag{5.43}$$

$$W_2 = h\left(\frac{M}{s-a} + 1\right) = h\left(\frac{M}{s(1-\rho)} + 1\right) \tag{5.44}$$

$$W_3 = \frac{h}{s(1-\rho)} \tag{5.45}$$

となる．ここで，添え字の 1〜3 は上記 (1)〜(3) の各システムを表す．

W_1 を基準にして，W_2 と W_3 を求めると，次式となる．

$$W_2/W_1 = \frac{M}{s} + 1 - \rho, \tag{5.46}$$

$$W_3/W_1 = \frac{1}{s} \tag{5.47}$$

式 (5.47) より，平均システム時間を $1/s$ 倍にするには，平均保留時間を $1/s$ 倍にすればよいことがわかる．料金所で ETC を利用することや，出口伝送路の高速化を図る

ことは，倍率分の効果を上げることになる．

図 5.13 に，三つの形態における平均システム時間を示す．ここで，窓口数または多重度 s を横軸として，W_1 に対する W_2 と W_3 を求めた．W_1 は基準値であるのでつねに 1 とした．W_2 はつねに W_1 と W_3 の間にある．これは，$0 < M \leq a(s=1)$ であるので，$1 - \rho < W_2/W_1 \leq 1$ となるためである．複数の窓口に対して 1 列に並ぶことは，窓口別に並ぶより効率的である．これは，窓口が多く，負荷が大きいほど顕著であり，$W_2/W_1 \to 1 - \rho$ に近づく．ただし，高速化には及ばないことが図より理解される．

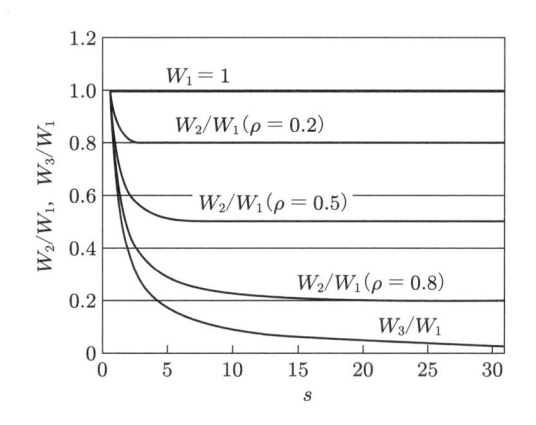

図 **5.13** 三つの形態における平均システム時間比較

5.5.2 有限長待ち行列システム

つぎに，有限長待ち行列システムでの三つの形態に対して，廃棄率の比較を行う．再び，図 5.14 に示す三つの形態を考えるが，各システム内に存在できる客数を最大 K とする．(1) 窓口別行列システムの場合では，M/M/1/K ごとに最大 K の客が存在できるので，客は s システムの合計で最大 Ks 存在できる．一方，(2) 1 列行列の複数窓口システムと (3) 1 列行列の高速窓口システムでは，最大客数が K 人である．最大行列長では，(1) の場合 $(K-1)s$，(2) の場合 $K-s$，および (3) では $K-1$ であるので，比較のための条件設定には注意を要する．

各システムにおける廃棄率計算式 (5.27), (5.37) を図 5.14 の三つの形態に対して用いる際には，システムごとに負荷 a の定義が異なる．図 5.14 のモデルにて，$a = \lambda/\mu$，$\rho = a/s$ と定義すると，

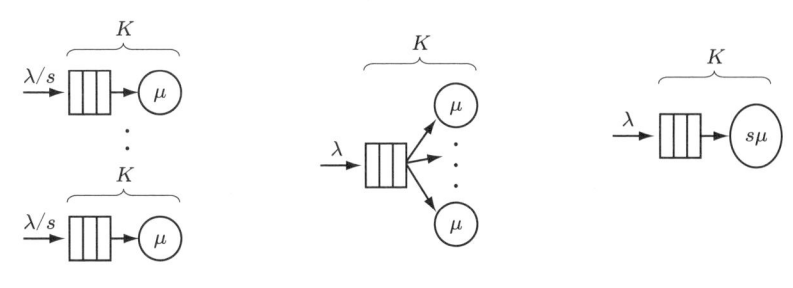

（1）窓口別行列　　　　（2）1列行列の複数窓口　　（3）1列行列の高速窓口
　　（s×M/M/1/K）　　　　　（M/M/s/K）　　　　　　（M/M/1/K）

図 5.14　有限長待ち行列システムにおける三つの形態

(1) 窓口別行列システム（s×M/M/1/K）

$$a_1 = \frac{\lambda/s}{\mu} = a/s = \rho$$

$$B_1 = \frac{(1-a_1)a_1^K}{1-a_1^K} = \frac{(1-\rho)\rho^K}{1-\rho^K} \tag{5.48}$$

(2) 1列行列の複数窓口システム（M/M/s/K）

$$B_2 = \frac{a^s}{s!}\rho^{K-s}P_0 \quad (P_0 \text{は式 (5.26)}) \tag{5.49}$$

(3) 1列行列の高速窓口システム（M/M/1/K）

$$a_3 = \lambda/s\mu = a/s = \rho$$

$$B_3 = \frac{(1-a_3)a_3^K}{1-a_3^K} = \frac{(1-\rho)\rho^K}{1-\rho^K} \tag{5.50}$$

となる．ここで，添え字の1〜3は上記(1)〜(3)の各システムを表す．

式 (5.48) と式 (5.50) より，$B_1 = B_3$ であることがわかる．すなわち，パケット廃棄率からみると，伝送路を s 倍に高速化し，多重化することにより，バッファ容量を $1/s$ にすることができる．

(2) の1列行列の複数窓口システム（M/M/s/K）の場合は多少複雑である．図 5.15 に，各システムの負荷 $\rho = a/s$ に対する廃棄率を示した．M/M/s/K と M/M/1/K ともに $K = 6$ とした場合には，(3) の M/M/1/K のほうが廃棄率は小さい．M/M/1/K の最大行列長が $K - 1 = 5$ で，M/M/s/K の $K - s$（図では，$= 3$ と 1）より大きいので，この差が廃棄率に現れていると思われる．最大行列長をともに5とし，M/M/s/K

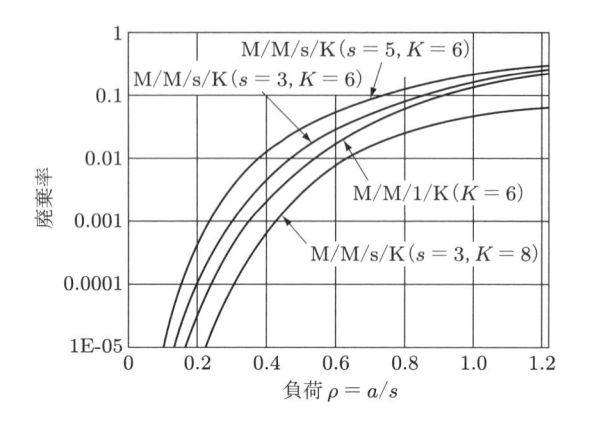

図 5.15 有限待ち行列システムにおける廃棄率

の K を 8 とした場合には，M/M/s/K のほうが廃棄率は小さい．システム内客数の差が結果に現れている．負荷 $\rho = a/s$ に対する廃棄率をみた場合，多重度 s で規格化されているため，明確な差を確認することができない．

例 5.5 ▶ 多重化装置のメリット

図 5.16 に示すように，パケット多重化装置における多重化には，(a) 波長多重方式と (b) 時分割多重方式がある．伝送速度 2.5 Gbps の伝送路を 4 本多重化する場合を想定する．各入力伝送路には毎秒 1 M パケットが到着する．到着するパケットの長さは指数関数に従って分布しており，平均長は 1000 ビットである．各出力伝送路には，多重化処理を行う際の遅延を補うために 1 パケット分の容量となるバッファメモリが接続されている．したがって，(a) 波長多重方式ではシステム全体で 4 パケット分のメモリ容量をもつが，(b) 時分割多重方式では 1 パケット分の容量をもつ．このとき，

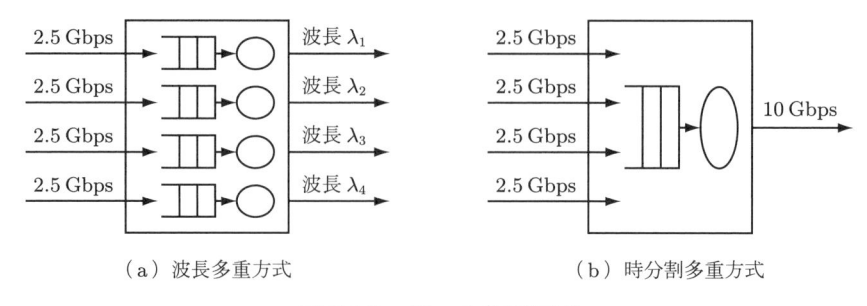

図 5.16 パケット多重化装置

(a) 波長多重方式では

$\lambda = 10^6$ [パケット/s], $h = 1000/2.5 \times 10^9 = 4 \times 10^{-7}$ [s]. よって

$$a = \lambda h = 10^6 \times 4 \times 10^{-7} = 0.4$$

パケット廃棄率は, 式 (5.38) より

$$P_K = \frac{(1-0.4)0.4^{1+1}}{1-0.4^{1+1+1}} \approx 0.103$$

となり, 平均システム時間は, 式 (5.41) より次式となる.

$$W = 4 \times 10^{-7} \left(\frac{1-0.4^2}{1-0.4} - 2 \times 0.4^2 \right) \approx 43.2 \times 10^{-6} = 43.2 \text{ [µs]}$$

(b) 時分割方式では

$\lambda = 4 \times 10^6$ [パケット/s], $h = 1000/10 \times 10^9 = 10^{-7}$ [s]. よって

$$a = \lambda h = 4 \times 10^6 \times 10^{-7} = 0.4$$

パケット廃棄率は, 式 (5.38) より

$$P_K = \frac{(1-0.4)0.4^{1+1}}{1-0.4^{1+1+1}} \approx 0.103$$

となり, (a) の波長多重方式と同じである. すなわち, 同じ廃棄率とするならば, メモリ容量を波長多重方式の 1/4 とすることができる.

平均システム時間は, 式 (5.41) より,

$$W = 10^{-7} \left(\frac{1-0.4^2}{1-0.4} - 2 \times 0.4^2 \right) \approx 10.8 \times 10^{-6} = 10.8 \text{ [µs]}$$

となり, (a) の波長多重方式の 1/4 となる.

章末問題

5.1 ある銀行の ATM では, 数台の ATM に対して客が 1 列に並ぶようにしている. 30 分に平均 10 人の客が来行する時間帯では, 行列の長さが平均 5 人となる. また, 客の ATM 利用時間は平均 3 分である. このとき, ①平均待ち行列時間, ②平均 ATM 利用台数, および③銀行内にいる客の平均総数を求めよ.

5.2 ある銀行の ATM では, 数台の ATM に対して客が 1 列並ぶようにしているが, 1 列に 10 人しか並ぶことができないため, 満杯の行列をみた客はすぐに帰ってしまう. 30 分に平均 20 人の客が来行する時間帯では, 行列の長さが平均 7.5 人であるが, 満杯となりやすく平均 5 人は利用しないで帰る. また, 並んだ客における ATM 利用時間は平均 5

分である．このとき，①並んだ客における平均待ち行列時間，②平均 ATM 利用台数，および③銀行内にいる客の平均総数を求めよ．

5.3 $\sum_{i=0}^{n} a^i = 1 + a + a^2 + \cdots + a^n = \dfrac{1 - a^{n+1}}{1 - a}$ を用いて，次の 2 式を示せ．

$$\sum_{i=1}^{n} i a^i = \frac{a(1 - a^n)}{(1 - a)^2} - \frac{n a^{n+1}}{1 - a} \tag{5.51}$$

$$\sum_{i=1}^{n} (i-1) a^i = \frac{a^2 (1 - a^n)}{(1 - a)^2} - \frac{n a^{n+1}}{1 - a} \tag{5.52}$$

5.4 きわめて繁盛しているある占い師の館では，行列が果てしなく続くことがある．1 人あたりの平均占い時間は 10 分であり，行列と占いを受けている客の合計である館内客数は平均 5 人であった．このとき，①客の平均到着間隔，②行列してから占い終わるまでにかかる時間の平均，③行列の長さの平均，および④行列に並んでいる時間の平均，を求めよ．

5.5 式 (5.31) を示せ．

5.6 負荷 a，窓口数 s の M/M/s モデルにおける待ち率 M を求めるアーラン C 式が，M/M/s/s モデルのアーラン B 式 $E_s(a)$ と次式の関係にあることを証明せよ．

$$M = \frac{s E_s(a)}{s - a \{1 - E_s(a)\}} \tag{5.53}$$

5.7 式 (5.53) を利用して，利用率に対する待ち率の表を，表計算ソフトを用いて作成せよ．

5.8 ある PBX（構内交換機）では，内線電話の受話器を取り上げたとき，PBX の制御装置が発信呼順に待ち行列に並んだ状態で応答するという．この PBX に 1.0 アーランの負荷が加わるものとする．呼の平均保留時間が 100 秒である場合，平均待ち行列時間を 100 ms 以下とするために必要な出線数を，図 5.10 より求めよ．

5.9 あるパケット交換機には，毎秒 5000 パケットが到着する．到着するパケットの長さは指数関数に従って分布しており，長さ平均は 1000 ビットである．このパケット交換機の出力伝送路は 10 Mbps の回線が 1 本しかなく，かつ 10 パケットしかバッファ内に蓄積できないとする．①この交換機の廃棄率を求めよ．②廃棄率を 10^{-6} とするためには，バッファ容量をいくら以上とする必要があるか．

5.10 伝送速度 1 Gbps の伝送路を 4 本多重化するパケット多重化装置を考える．各入力伝送路には毎秒 10 万パケットが到着する．到着するパケットの長さは指数関数に従って分布しており，平均長は 8000 ビットである．各出力伝送路には，多重化処理を行う際の遅延を補うために 10 パケット分の容量となるバッファメモリが接続されている．このとき，(1) 波長多重方式を用いる場合と (2) 時分割多重方式を用いる場合のそれぞれに対して，①パケット廃棄率，②平均システム時間を求めよ．

第6章　一般的な待ち行列理論

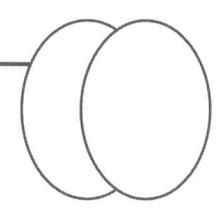

　マルコフ過程に従わないシステムに対する待ち行列理論を「一般的な待ち行列理論」と定義すると，ケンドールの記号では G/G/s/K システムの理論ということになる．このすべてを記述することはこの本の範囲を超えるので，このうちもっとも単純で有用である M/G/1 システムのみを本章では扱う．このねらいは，パケット交換ネットワークを扱うことである．
　M/G/1 システムの理論により，パケット交換ネットワークの性能や，パケットをクラス分けして優先権を付与する効果などを確認することができる．

6.1　M/G/1 システムと隠れマルコフ連鎖法

　パケット交換ネットワークの設計問題を扱う場合には待ち行列理論が必要となるとして，5 章では M/M/s/K システムを説明した．そこには，インターネットに代表される IP ネットワークに対してこのモデルの適用が妥当であるか，という問題が残る．IP パケットトラヒックの到着過程については，多くのトラヒックを集線する基幹ネットワークにおいて統計的な性質としてポアソン分布に収束することが知られており，近似的にポアソン過程であるとして設計問題に利用することはできる．しかし，サービス時間の分布は，一般的に指数関数ではない．サービス時間をパケット長に置き換えて考えると，ATM での 53 バイト固定長を代表例として，インターネットでは 58，594，1518 バイトなどにピークをもつ分布となっており，指数関数にはほど遠い．
　M/G/1 システムとは，客が平均到着率 λ のポアソン分布で到着し，待ち行列は 1 列，窓口（サービス機構）が一つであるが，終了過程におけるサービス時間の分布を一般関数とするものである．また，サービス処理規律としては，FCFS（到着順処理）とする．待ち行列長は無限大に形成でき，窓口が一つしかないので，一般的な待ち行列理論としてはもっとも単純なものであるが，M/M/1 システムと比較すると，窓口数，待ち行列長制限など別のパラメータがない分かえってマルコフモデルとの違いが

明確となる．

6.1.1 期待値と分散

サービス時間の分布を一般関数で扱うために，その分布の尺度として**期待値**と**分散**が用いられる．サービス時間 x が I 個の離散的な値しかとりえない場合，すなわち $x = \{x_1, x_2, \cdots, x_I\}$ のとき，ある客のサービス時間が x_i となる確率を P_i $(i = 1, 2, \cdots, I)$ とおくと，サービス時間の平均値 $\langle x \rangle$ は，

$$\langle x \rangle \equiv E[x] = \sum_{i=1}^{I} x_i P_i \tag{6.1}$$

で計算できる．ここで，$E[x]$ における E は x の期待値を求めるという操作を意味し，I は無限大を含む．確率 P_i は，当然つぎの規格化条件を満足する．

$$E[1] = \sum_{i=1}^{I} P_i = 1 \tag{6.2}$$

また，x に関する **n 次のモーメント**とは，x^n の期待値であり，

$$\langle x^n \rangle \equiv E[x^n] = \sum_{i=1}^{I} x_i^n P_i \tag{6.3}$$

より求められる．分散 σ^2 は平均値まわりの2次モーメントより求められ，次式となる．

$$\sigma^2 = E\left[(x - \langle x \rangle)^2\right] = E[x^2] - (E[x])^2 = \langle x^2 \rangle - \langle x \rangle^2 \tag{6.4}$$

サービス時間が連続的な値である場合，サービス時間 x に対する確率密度関数を $f(x)$ とおくと，期待値を求める式 (6.2), (6.1), (6.3) は，それぞれ

$$E[1] = \int_0^\infty f(x)dx = 1 \tag{6.5}$$

$$\langle x \rangle \equiv E[x] = \int_0^\infty x f(x)dx \tag{6.6}$$

$$\langle x^n \rangle \equiv E[x^n] = \int_0^\infty x^n f(x)dx \tag{6.7}$$

となり，分散 σ^2 は同じ式 (6.4) となる．

また，x とは別の変数 y を考えその確率密度関数を $g(y)$ としたとき，一般に

$$E[x+y] = E[x] + E[y] \tag{6.8}$$

が成立する．すなわち，二つの確率変数の和の期待値は，それぞれの確率変数に対する期待値の和に等しい．これは，y が x の関数である場合でも成立する．さらに，x と y が独立している場合には

$$E[xy] = E[x]E[y] \tag{6.9}$$

が成立する．式 (6.9) は，積の期待値は期待値の積に等しいことを表す．

例 6.1 ▶ 期待値の計算

サービス時間の確率密度関数が指数関数，すなわち $f(x) = e^{-\mu x}\mu$ である場合，その平均値は，式 (4.18) と同様に

$$\langle x \rangle = \int_0^\infty x e^{-\mu x} \mu dx = \frac{1}{\mu} \tag{6.10}$$

であり，二次モーメントは次式となる．

$$\langle x^2 \rangle = \int_0^\infty x^2 e^{-\mu x} \mu dx = \left[-x^2 e^{-\mu x}\right]_0^\infty + \int_0^\infty 2x e^{-\mu x} dx = \frac{2}{\mu^2} \tag{6.11}$$

6.1.2 隠れマルコフ連鎖法

到着間隔やサービス時間間隔が指数関数分布とはならない場合である非マルコフモデルに対しては，その解法に**隠れマルコフ連鎖法**（embedded Markov chain approach）が利用される．M/M/s/K システムなどのマルコフモデルに対する解法では，無記憶性というマルコフ過程の特性から，現時点でのシステム内客数のみから各変数を求めることができた．しかし，非マルコフ過程の一例である M/G/1 システムでは，現時点での客数とサービスを受けている客のサービス経過時間という二つの変数を考慮しなければならない．これは，サービス時間に無記憶性がないためである．

隠れマルコフ連鎖法では，2 変数を 1 変数に簡単化する．具体的には，サービス経過時間を隠してシステム内客数のみの変数にする．そのために，時間軸上のすべての点を考えるのではなく，選ばれた点の集まりだけを考える方法を用いる．時間軸上で選ぶ点としては，

(1) 新たな客が到着した時点

(2) 客がサービスを受けて退出する時点

の2種類があり，それぞれによる解法をここでは (1) 到着過程法，(2) 退出過程法，とよぶ．

連鎖法による解では，選ばれた点のみを考慮するので，離散的な時刻に対する平均システム内客数が解の形である．(1) と (2) では選ぶ点が異なるため，解が異なることがありえるように思える．にもかかわらず，6.2, 6.3 節で述べるように，二つの解法は同じ解を与える．結局，二つの解は，すべての時点における解でもある．これは，到着過程がマルコフ過程であるため，PASTA の関係が成り立つからである．すなわち，定常状態においては，客が到着する時点でのシステム内客数は，任意の時点での客数に等しい．したがって，到着過程がマルコフ過程であると，隠れマルコフ連鎖法は一般解法を与えることになる．

6.2 到着過程法

6.2.1 待ち行列時間の期待値

到着過程法で考える M/G/1 システムモデルを，図 6.1 に示す．図における記号の意味は，つぎのとおりである．

C_n ：n 番目に到着した客

l_n ：C_n が到着した時点での，システム内客数

w_n ：C_n がシステム内に滞在する，システム時間

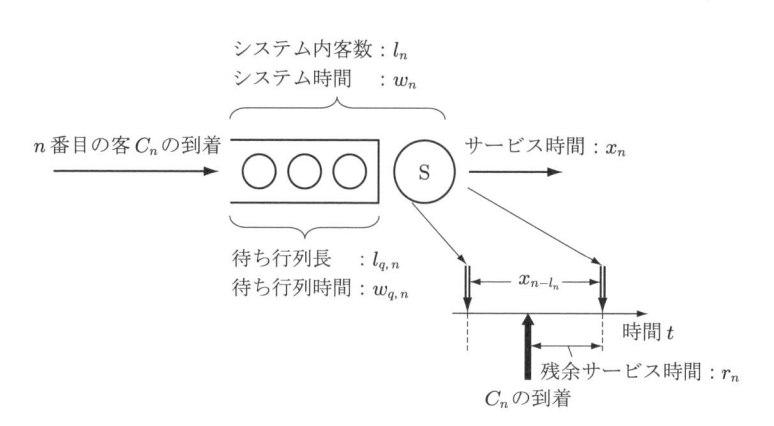

図 6.1 M/G/1 システムモデル

$l_{q,n}$ ：C_n が到着した時点での待ち行列長

$w_{q,n}$ ：C_n が待ち行列に並んで待つ，待ち行列時間

x_n ：C_n がサービスを受けるためのサービス時間

x_{n-l_n} ：C_n が到着した時点でサービスを受けている客 C_{n-l_n} のサービス時間

r_n ：C_{n-l_n} において，C_n が到着した時点からサービス終了までの残余サービス時間

C_n が到着したとき，待ち行列には $l_{q,n}$ の客が並んでおり，窓口には C_{n-l_n} がサービスを受けている最中である．そのとき，C_{n-l_n} が終了するまでの残余サービス時間が r_n である，というのが図 6.1 の場面である．

C_n が待ち行列に並び，サービスを受け退出するまでの時間の流れを，図 6.2 に示す．C_n が到着したとき，図 (a) はシステム内に客がいる場合を，図 (b) は客がいない場合を，それぞれ示す．待ち行列とサービス窓口の位置を横棒で示し，C_n の移動を上向きの矢印で示した．当然，定義より $w_n = w_{q,n} + x_n$ である．C_n の待ち行列時間 $w_{q,n}$ は，到着時点でサービスを受けている最中である C_{n-l_n} の残余サービス時間 r_n と，その時点で待ち行列に並んでいる客のサービス時間の合計であるので，

$$w_{q,n} = u(l_n) r_n + \sum_{j=1}^{l_{q,n}} x_j \tag{6.12}$$

と表せる．ここで，

$$u(l) = \begin{cases} 0 & (l = 0 \text{ のとき}) \\ 1 & (l \geq 1 \text{ のとき}) \end{cases} \tag{6.13}$$

である．システム内に客がいる場合には，サービス最中である客の残余サービス時間

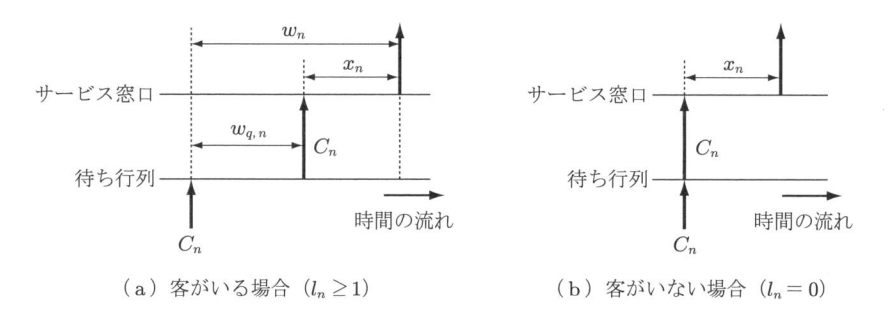

(a) 客がいる場合 ($l_n \geq 1$)　　　　(b) 客がいない場合 ($l_n = 0$)

図 6.2 M/G/1 システムにおける時間の流れ

は C_n の待ち行列時間に含まれるが,客がいない場合では,考慮すべき残余サービス時間は 0 であることを,式 (6.13) は示す.

システムが定常状態にあることを仮定して,式 (6.12) の期待値を求めると,

$$E[w_{q,n}] = E[u(l_n)r_n] + E\left[\sum_{j=1}^{l_{q,n}} x_j\right] \tag{6.14}$$

となる.ここで,式 (6.8) の関係を用いた.

定常状態を仮定すると,$n \to \infty$ の極限ではエルゴード性により平均操作が簡単化されて,まず $E[w_{q,n}] \to W_q$ とおける.$E[u(l_n)r_n]$ では,$u(l_n)$ と r_n はたがいに独立な変数であるので,$E[u(l_n)r_n] = E[u(l_n)] \cdot E[r_n]$ とおけ,さらに $n \to \infty$ の極限で次式となる.

$$\to E[u(L)] \cdot E[r] = \{0 \cdot P[L=0 \text{ の確率}] + 1 \cdot P[L \geq 1 \text{ の確率}]\} E[r]$$
$$= aR \tag{6.15}$$

ここで,式 (5.16) より $1 - P_0 = a$ を用い,残余サービス時間の期待値を

$$R \equiv E[r] \tag{6.16}$$

とおいた.$E\left[\sum_{j=1}^{l_{q,n}} x_j\right]$ は,$n \to \infty$ の極限では $l_{q,n} \to L_q$ とおけることから,

$$E\left[\sum_{j=1}^{l_{q,n}} x_j\right] \to L_q \cdot E[x] = \lambda W_q \cdot h = aW_q \tag{6.17}$$

となる.ここで,リトルの公式 $L_q = \lambda W_q$ を用いた.

結局,式 (6.14) は,式 (6.15)〜(6.17) より

$$W_q = \frac{a}{1-a} R \tag{6.18}$$

となる.ここで,唯一の未知変数は R,すなわち残余サービス時間の期待値である.この値は,次項で説明する再生理論における考え方から求めることができる.

6.2.2 平均残余サービス時間

図 6.3 に示すように,再生理論の用語では,対象とするものの寿命を X 年とする

と，誕生から t 年経過して年齢 t 歳になると，その残余寿命は $Y = X - t$ となる．寿命 X の間，年齢が $[t, t+dt]$ にある確率は同じ dt/X であるので，残余寿命の期待値 $E[Y]$ は次式のように計算される．

$$E[Y] = \frac{1}{X} \int_0^X (X-t)dt = \frac{1}{X} \left[-\frac{1}{2}(X-t)^2 \right]_0^X = \frac{X}{2} \tag{6.19}$$

式 (6.19) は，残余寿命の面積からも求めることができる．図 6.4 は，話を残余サービス時間にもどして描いている．残余サービス時間は時間の経過とともに直線で減少するので，C_{n-l_n} における残余サービス時間の分布は図のような二等辺三角形となる．残余サービス時間の期待値は，三角形の面積を経過した時間 x_{n-l_n} で割ることにより，次式で求められる．

$$E[x_{n-l_n}] = \frac{x_{n-l_n}^2/2}{x_{n-l_n}} = \frac{x_{n-l_n}}{2} \tag{6.20}$$

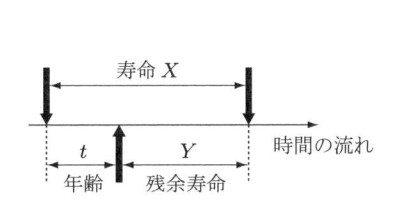

図 6.3 再生理論における用語

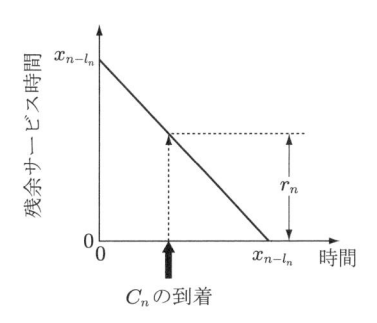

図 6.4 残余サービス時間の確率分布

$n \to \infty$ の極限で，残余サービス時間の平均値を得るには，サービス時間の分布全体からの平均をとる必要がある．図 6.5 に，その算出方法を示す．サービス時間 x_i を 2 辺とする三角形の面積を求め，$i = 1, 2, \cdots$ の合計をサービス時間 x_i の合計で割ることにより，平均残余サービス時間を求める．ここで，サービス時間が x_i となる確率密度を $f(x_i)$ とすると，その値は次式となる．

$$E[r] = \lim_{m \to \infty} \frac{\sum_{i=1}^m \frac{x_i^2}{2} f(x_i)}{\sum_{i=1}^m x_i f(x_i)} = \frac{E[x^2]}{2E[x]} = \frac{\langle x^2 \rangle}{2h} \tag{6.21}$$

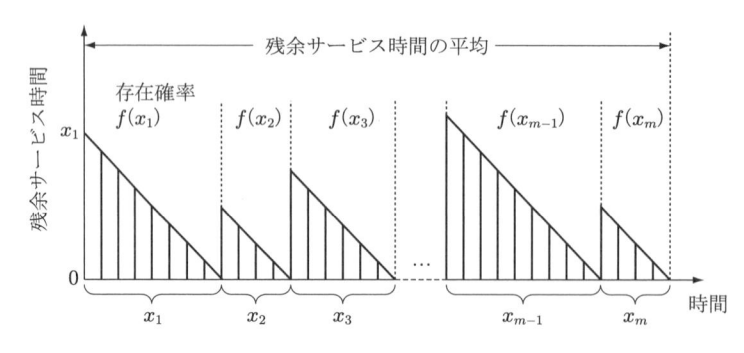

図 6.5 平均残余サービス時間算出

式 (6.21) を，式 (6.18) に代入すると，求める関係式

$$W_q = \frac{a}{1-a} \frac{E[x^2]}{2E[x]} = \frac{\lambda \langle x^2 \rangle}{2(1-a)} \tag{6.22}$$

を得る．また，平均待ち行列長 L_q，平均システム内客数 L や平均システム時間 W は，リトルの公式を用いて容易に求められる．

$$L_q = \frac{\lambda^2 \langle x^2 \rangle}{2(1-a)} \tag{6.23}$$

$$L = a + \frac{\lambda^2 \langle x^2 \rangle}{2(1-a)} \tag{6.24}$$

$$W = h + \frac{\lambda \langle x^2 \rangle}{2(1-a)} \tag{6.25}$$

6.3 退出過程法

6.3.1 平均システム内残り客数

時間軸上に選ばれた点の集合として，客の退出時点を採用する解法が，退出過程法である．退出時点とはサービスがちょうど終了した時点であるので，残余サービス時間は 0 である．さらに，到着する客はマルコフ過程に従うので，マルコフ過程の無記憶性により，過去のある時点からの経過時間というものを気にする必要がない．

図 6.2 と同様に，n 番目に到着した客 C_n のシステム内での動作に着目した時間の流れを，図 6.6 と図 6.7 に示す．ここで，新たに登場する変数は

6.3　退出過程法　129

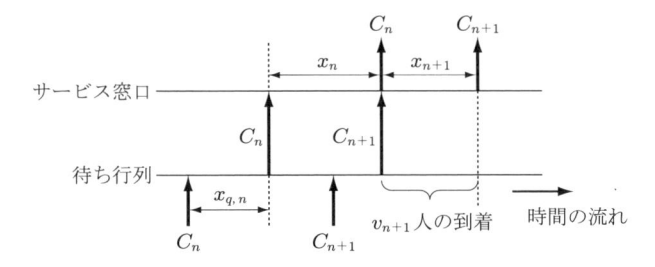

図 6.6　残り客がいる場合 ($q_n \geq 1$) の時間の流れ

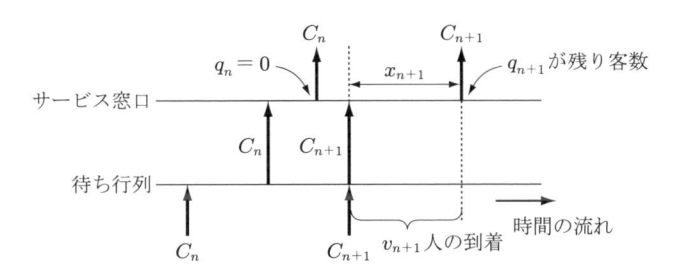

図 6.7　残り客がいない場合 ($q_n = 0$) の時間の流れ

q_n：C_n がシステムから退出するときにシステム内に残っている客の数．期待値ではシステム内客数 l_n のそれと等しい，

v_n：C_n がサービスを受けている時間中に到着した客の数，

である．

図 6.6 は，C_n が退出するときに残り客がいる場合 ($q_n \geq 1$) を示す．C_n が退出する時点から C_{n+1} が退出する時点までにおける残り客数の増減は，C_n が退出することにより 1 人減ることと，C_{n+1} のサービス時間中に到着する客が増えることである．これは，次式の関係で表せる．

$$q_{n+1} = q_n - 1 + v_{n+1} \quad (q_n \geq 1 \text{ のとき}) \tag{6.26}$$

図 6.7 は，C_n が退出するとき，残り客がいない場合 ($q_n = 0$) を示す．C_n の退出から C_{n+1} の退出までの残り客数の増減は，C_{n+1} のサービス時間中に到着する客が増えることのみであるので，その関係は

$$q_{n+1} = v_{n+1} \quad (q_n = 0 \text{ のとき}) \tag{6.27}$$

となる．式 (6.26) と式 (6.27) をまとめると，

$$q_{n+1} = q_n - \Delta_{q_n} + v_{n+1} \tag{6.28}$$

となる．ここで，Δ_{q_n} は次式で表される．

$$\Delta_{q_n} = \begin{cases} 0 & (q_n = 0 \text{ のとき}) \\ 1 & (q_n \geq 1 \text{ のとき}) \end{cases} \tag{6.29}$$

式 (6.28) は M/G/1 システムの基本方程式である．この式を用いて，以下で二つの関係式を求めることにする．

手始めに，式 (6.28) の期待値を求める．

$$E[q_{n+1}] = E[q_n] - E[\Delta_{q_n}] + E[v_{n+1}] \tag{6.30}$$

6.2 節で実行したように，定常状態であるとすると $n \to \infty$ の極限では平均操作が簡単化されて，q_n がその平均値である Q に漸近する．したがって，$E[q_n] = E[q_{n+1}] \to Q$ とおける．また，$E[\Delta_{q_n}]$ は $E[u(L)]$ と同様，システム内に客がいる確率，すなわちシステムが稼動中である確率と等しくなるので，

$$E[\Delta_{q_n}] = 0 \cdot P[Q = 0 \text{ の確率}] + 1 \cdot P[Q \geq 1 \text{ の確率}]$$
$$= a$$

となる．結局，式 (6.30) は

$$E[v_{n+1}] \to E[v] \equiv \langle v \rangle = a \tag{6.31}$$

となり，サービス時間の間に到着する客数の期待値は，負荷に等しいという，負荷そのものの定義に帰着する．

つぎに，式 (6.28) を二乗して期待値を求める．

$$q_{n+1}^2 = q_n^2 + \Delta_{q_n}^2 + v_{n+1}^2 - 2q_n \Delta_{q_n} + 2q_n v_{n+1} - 2\Delta_{q_n} v_{n+1}$$

において，$\Delta_{q_n}^2 = \Delta_{q_n}, q_n \Delta_{q_n} = q_n$ を用いて，期待値をとると

$$E[q_{n+1}^2] = E[q_n^2] + E[\Delta_{q_n}] + E[v_{n+1}^2] - 2E[q_n] + 2E[q_n v_{n+1}] - 2E[\Delta_{q_n} v_{n+1}] \tag{6.32}$$

となる．ここで，定常状態である $n \to \infty$ の極限では，$E[q_{n+1}^2] = E[q_n^2]$ であり，かつ q_n と v_n は独立な変数であるので，

$$E[q_n v_{n+1}] \to E[q]E[v], \quad E[\Delta_{q_n} v_{n+1}] \to E[\Delta_q]E[v]$$

とすることができる．その結果，式 (6.32) は次式となる．

$$0 = E[\Delta_q] + E[v^2] - 2E[q] + 2E[q]E[v] - 2E[\Delta_q]E[v]$$

さらに，式 (6.31) で得た $E[\Delta_q] = E[v] = a$ を用いると，次式を得る．

$$Q = E[q] = a + \frac{E[v^2] - a}{2(1-a)} \tag{6.33}$$

6.3.2 ポラツェック・ヒンキンの公式

式 (6.33) において，唯一の未知の値は $E[v^2]$ である．これは，サービス時間の間に到着する客数の二次モーメントである．サービス時間 x の分布は一般関数としているので，その確率密度関数を $f(x)$ とおく．客の到着はポアソン分布に従うので，式 (4.7) より，時間 x の間に k 人の客が到着する確率は $P_k(x)$ である．まず，v の期待値 $E[v]$ を求めてみると，

$$\begin{aligned} E[v] &= \sum_{k=0}^{\infty} k \int_0^{\infty} P_k(x) \cdot f(x) dx = \int_0^{\infty} f(x) \sum_{k=0}^{\infty} k P_k(x) dx \\ &= \int_0^{\infty} f(x) \cdot \lambda x dx = \lambda E[x] = a \end{aligned} \tag{6.34}$$

となり，結局，式 (6.31) を得る．ここで，式 (4.8)，(6.6) を用いた．

二次モーメントは

$$\begin{aligned} E[v^2] &= \sum_{k=0}^{\infty} k^2 \int_0^{\infty} P_k(x) \cdot f(x) dx = \int_0^{\infty} f(x) \sum_{k=0}^{\infty} k^2 P_k(x) dx \\ &= \lambda^2 E[x^2] + a \end{aligned} \tag{6.35}$$

となることから（章末問題 6.2 参照），式 (6.33) は

$$Q = a + \frac{\lambda^2 E[x^2]}{2(1-a)} \tag{6.36}$$

となる．上式の右辺は，式 (6.24) の右辺と同じであり，$L = Q$，すなわち到着時にいるシステム内客数の平均は，退出時にいるシステム内客数の平均と同じであるという PASTA の関係を再確認したこととなる．式 (6.36) は，サービス時間の分散である

$C_b^2 = \langle x^2 \rangle - \langle x \rangle^2$ を用いると，

$$L = a + \frac{a^2\left(1 + C_b^2\right)}{2(1-a)} \tag{6.37}$$

となり，ポラツェック・ヒンキンの公式 (the Pollaczek-Khintchine formula) として知られる関係式を得る．

例 6.2 ▶ 各待ち行列システムにおける関係式

式 (6.22), (6.23) を用いて，待ち行列システムにおける関係式を求める．
(a) M/M/1 システム
$\langle x^2 \rangle = 2/\mu^2 = 2h^2$ であるので，

$$W_q = \frac{a}{1-a}h \tag{6.38}$$

$$L = a + \frac{a^2}{(1-a)} = \frac{a}{1-a} \tag{6.39}$$

となり，5.3 節で求めた式 (5.21), (5.18) を得る．
(b) M/D/1 システム
サービス時間が一定値 h であるので，$\langle x^2 \rangle = h^2$ となり，

$$W_q = \frac{a}{2(1-a)}h \tag{6.40}$$

$$L = a + \frac{a^2}{2(1-a)} = \frac{a}{1-a} - \frac{a^2}{2(1-a)} \tag{6.41}$$

となる．M/M/1 システムと比較すると，平均待ち行列時間は半分となり，平均システム内客数は $a^2/2(1-a)$ だけ少ない．式 (6.37) のポラツェック・ヒンキンの公式からわかるように，サービス時間の分散に比例して，平均システム内時間が増加するためである．ばらつきは，客にかける迷惑を増やす結果となる．

例 6.3 ▶ ATM セルの転送

ある ATM 交換機には，1 回線あたり毎秒 30 万セルが到着する．ATM のセル長は固定で，53 バイトである．この交換機の出力伝送路は 155.6 Mbps の回線で，セルを無限個バッファ内に蓄積できるとする．

セルは固定長であるので，ATM 交換機は M/D/1 システムである．各パラメータはつぎのとおりとなる．

$$\lambda = 3 \times 10^5 \, [1/\text{s}], \quad h = \frac{53 \times 8}{155.6 \times 10^6} \approx 2.725 \times 10^{-6} \, [\text{s}], \quad a = \lambda h = 0.8175$$

したがって，交換機内での待ち行列時間は，式 (6.41) より次式となる．

$$W_q = \frac{0.8175}{2(1-0.8175)} \times 2.725 \times 10^{-6} \approx 6.1 \times 10^{-6} = 6.1\,[\mu\text{s}]$$

6.4 優先権付き待ち行列システム

6.4.1 システム概要

IP ネットワークにおいては，IP 電話やテレビ会議システム，動画配信など，遅延時間に厳しい制限が必要なリアルタイムサービスが急速に普及している．これらのサービスに対応するためには，一定の応答時間を実現し通信品質を保証する QoS（Quality of Service）技術が必須である．実際にはパケットルータにおいて，これらサービスデータを格納したパケットを優先的に転送することが行われている．パケットを情報の性質によりクラス分けし，順位の高いパケットを先に転送し，上位順位のパケットをすべて転送し終えたあとに，下位パケットを転送する方法である．

客をクラス分けし，順位の高い客を優先的にサービスするシステムは，待ち行列理論では**優先権付き待ち行列システム**（priority queueing systems）とよばれている．図 6.8 に，優先権付き待ち行列システムのモデルを示す．到着する客は，クラス別に分けられ，各クラスの待ち行列に並ぶ．クラス番号が小さいほど順位が高いとする．順位の高い客が優先的にサービスされ，順位の低い客は順位の高い客がすべていなくなってはじめてサービスされる．

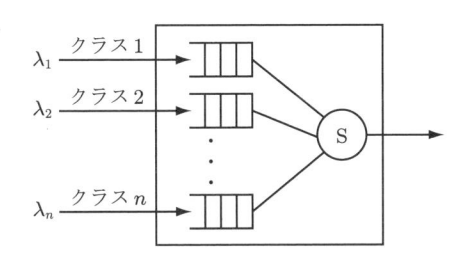

図 6.8　優先権待ち行列システムのモデル

優先権付き待ち行列システムには二つの処理規律がある．その一つは，サービス中の客がいる場合，サービスが終了するのを待って終了後に順位の高い客をサービスするもので，サービス中の客は割り込まれることがないことから**非割り込み形**（non-preemptive）システムという．もう一つは，順位の高い客が到着した場合には，たと

えサービス中であっても割り込まれるというもので，**割り込み形**（preemptive）システムという．割り込み形は，割り込まれた客が再サービスを受けるとき，中断した時点から再開するのか（継続形：preemptive resume），最初からサービスを受け直すのか（反復形：preemptive repeat）によって，さらに，二つに分類される．

6.4.2 M/G/1 非割り込み形

本項では，M/G/1 非割り込み形優先権付き待ち行列システムでの待ち行列理論を説明し，平均待ち行列時間を求める．

M/G/1 非割り込み形システムでは，クラス i ($i = 1, 2, \cdots, n$) の客はポアソン過程に従って平均到着率 λ_i で到着し，クラスごとの待ち行列に並ぶ．各行列は無限長に形成できる．上位順位の客がすべてサービスを終了していなくなるとはじめてサービスを受け，いったんサービスが開始されると上位順位の客が到着しても最後までサービスを受けて，退出する．各クラスでのサービス時間分布は任意関数 $f_i(x)$ であるが，平均サービス時間を h_i とする．

各クラスでの負荷を $a_i = \lambda_i h_i$ で定義すると，合計平均到着率 λ，全平均サービス時間 h，および合計負荷 a は次式となる．

$$\lambda = \lambda_1 + \lambda_2 + \cdots + \lambda_n \tag{6.42}$$

$$h = \frac{\lambda_1 h_1 + \lambda_2 h_2 + \cdots + \lambda_n h_n}{\lambda_1 + \lambda_2 + \cdots + \lambda_n} = \frac{a}{\lambda} \tag{6.43}$$

$$a = a_1 + a_2 + \cdots + a_n \tag{6.44}$$

定常状態を実現するためには，$a < 1$ が必要であるが，もしこの条件を満足しない場合には，下位にあるクラスから非平衡状態に陥る．

つぎに，システムにちょうど到着した代表的な客 C_n を考え，到着過程法により，この客の待ち行列時間から平均待ち行列時間を求める．C_n はクラス i の客であるとすると，その待ち行列時間はつぎの四つの項目の合計となる．

(1) システム内にいるすべて客に対する平均残余サービス時間：

C_n が到着した時点でサービス最中である客を考える．その客のクラスを k とすると，そのクラスにおける平均残余サービス時間 $\langle r_k \rangle$ は，式 (6.21) より $\langle r_k \rangle = \langle x_k^2 \rangle / 2h_k$ である．クラス k が稼動中である確率は a_k であるので，システム全体で平均した残余サービス時間 $\overline{R}$ は，次式となる．

$$\overline{R} = \sum_{k=1}^{n} a_k \left(\frac{\langle x_k^2 \rangle}{2h_k} \right) = \frac{1}{2} \sum_{k=1}^{n} \lambda_k \langle x_k^2 \rangle \tag{6.45}$$

(2) 同じクラスで先着した客に対する平均待ち行列時間：

平均行列長は $L_{q,i}$ であるので，平均待ち行列時間は次式となる．

$$L_{q,i} h_i = a_i W_{q,i} \tag{6.46}$$

(3) 先着した上位クラスのすべての客に対する合計平均待ち行列時間：

クラス i 以上の客が待ち行列を形成しているとする．クラス i より上位にあるクラス j $(j < i)$ での待ち行列長を $L_{q,j}$ とすると，これらの行列すべてが終了するために必要な平均待ち行列時間は，次式となる．

$$\sum_{j=1}^{i-1} h_j L_{q,j} = \sum_{j=1}^{i-1} a_j W_{q,j} \tag{6.47}$$

(4) C_n が待ち行列で並んでいる間に到着した上位クラスすべての客に対する，合計平均サービス時間：

C_n の平均待ち行列時間 $W_{q,i}$ の間，上位クラス j で到着する客数は $\lambda_j W_{q,i}$ であるので，このクラスの客による平均待ち行列時間は $\lambda_j W_{q,i} h_j$ となり，上位クラスすべてでは，次式となる．

$$\sum_{j=1}^{i-1} \lambda_j h_j \cdot W_{q,i} = \left(\sum_{j=1}^{i-1} a_j \right) W_{q,i} \tag{6.48}$$

式 (6.45)～(6.48) を合計して，クラス i の客における平均待ち行列時間 $W_{q,i}$ を求めると，

$$W_{q,i} = \overline{R} + a_i W_{q,i} + \sum_{j=1}^{i-1} a_j W_{q,j} + \left(\sum_{j=1}^{i-1} a_j \right) W_{q,i} \tag{6.49}$$

となる．さらに，変形すると次式を得る．

$$\left(1 - \sum_{j=1}^{i} a_j \right) W_{q,i} = \overline{R} + \sum_{j=1}^{i-1} a_j W_{q,j} \tag{6.50}$$

式 (6.50) は，各クラスの平均待ち行列時間を求める漸化式となり，$i = 1$ では

$$W_{q,1} = \frac{\overline{R}}{1-a_1} \tag{6.51}$$

を得る．つぎに，$i=2$ では

$$W_{q,2} = \frac{\overline{R}}{(1-a_1)(1-a_1-a_2)} \tag{6.52}$$

となり，一般に，クラス i では次式を得る（章末問題 6.4 参照）．

$$W_{q,i} = \frac{\overline{R}}{(1-a_1-a_2-\cdots-a_{i-1})(1-a_1-a_2-\cdots-a_i)} \tag{6.53}$$

クラス i での平均システム時間 W_i は，サービス中で割り込まれることがないので，平均待ち行列時間を加えた次式となる．

$$W_i = W_{q,i} + h_i \tag{6.54}$$

例 6.4 ▶ 非割り込み形優先権付きシステムにおけるパケットの転送

あるパケットルータでは，毎秒平均 1 万パケットの到着があり，非割り込み形の優先制御よる転送を行っている．パケットは 2 種類しかなく，優先権のあるクラス 1 パケットは，500 ビット長で，10 ％割合にある制御パケットである．優先権のないクラス 2 パケットは，8000 ビット長で，90 ％割合となるデータパケットである．ルータ内には，行列を無限長に形成できるメモリバッファがあり，出力伝送路は，速度 100 Mbps の 1 回線である．このとき，(1) 優先権がない場合と，(2) 優先権がある場合とで待ち行列時間を比較してみる．

まず，それぞれのパラメータを求めると

$$\lambda_1 = 1 \times 10^3 \,[1/\text{s}], \quad h_1 = 5 \times 10^{-6} \,[\text{s}], \quad a_1 = \lambda_1 h_1 = 0.005,$$
$$\lambda_2 = 9 \times 10^3 \,[1/\text{s}], \quad h_2 = 80 \times 10^{-6} \,[\text{s}], \quad a_2 = \lambda_2 h_2 = 0.72,$$

となる．

(1) 優先権がない場合

$$\lambda = 1 \times 10^4 \,[1/\text{s}], \quad h = 0.1 \times h_1 + 0.9 \times h_2 = 72.5 \times 10^{-6} \,[\text{s}],$$
$$\overline{h^2} = 0.1 \times h_1^2 + 0.9 \times h_2^2 = 57.625 \times 10^{-10} \,[\text{s}^2], \quad a = a_1 + a_2 = 0.725,$$

平均待ち行列時間と平均システム時間は，式 (6.22), (6.25) より次式となる．

$$W_q = \frac{\lambda \langle h^2 \rangle}{2(1-a)} = \frac{10^4 \times 57.625 \times 10^{-10}}{2(1-0.725)} \approx 104.8 \times 10^{-6} \approx 105\,[\mu\text{s}]$$
$$W = W_q + h \approx 177.3 \times 10^{-6} \approx 177\,[\mu\text{s}]$$

(2) 優先権がある場合
$$\overline{R} = \frac{1}{2}\left(\lambda_1 h_1^2 + \lambda_1 h_2^2\right) = \frac{1}{2}\left(10^3 \times 25 \times 10^{-12} + 9 \times 10^3 \times 6400 \times 10^{-12}\right)$$
$$= 28.8125 \times 10^{-6} \approx 28.8\,[\mu\text{s}]$$

であり,各クラスの平均待ち行列時間と平均システム時間は,
$$W_{q,1} = \frac{\overline{R}}{1-a_1} = \frac{28.8125 \times 10^{-6}}{1-0.005} \approx 28.96 \times 10^{-6} = 29.0\,[\mu\text{s}]$$
$$W_1 = W_{q,1} + h_1 = 36.0\,[\mu\text{s}]$$
$$W_{q,2} = \frac{W_{q,1}}{1-a_1-a_2} = \frac{28.96 \times 10^{-6}}{1-0.725} \approx 105.3 \times 10^{-6} = 105\,[\mu\text{s}]$$
$$W_2 = W_{q,2} + h_2 = 185\,[\mu\text{s}]$$

となる.優先権があると,平均待ち行列時間は約 1/4 に短縮されるが,優先権のないクラスはほとんど変化がない.

例 6.5 ▶ 負荷に対する待ち行列時間

二つのクラスをもつ非割り込み形優先権付き M/M/1 システムを考える.クラス 1 に優先権があるが,客の平均到着率と平均サービス時間は,二つのクラスで同じであるとする.全部の客の平均到着率を λ とし,サービス時間間隔は指数関数分布に従い,その平均サービス時間を h とするとき,負荷 $a = \lambda h$ に対する各クラスの平均待ち行列長を求める.

$$\lambda_1 = \lambda_2 = \lambda/2, \quad h_1 = h_2 = h, \quad \langle h_1^2 \rangle = \langle h_2^2 \rangle = 2h^2, \quad a_1 = a_2 = a/2,$$
$$\overline{R} = \frac{1}{2}\left(\lambda_1 \langle h_1^2 \rangle + \lambda_2 \langle h_2^2 \rangle\right) = ah. \text{ したがって,}$$

$$L_{q,1} = \lambda_1 W_{q,1} = \frac{\lambda_1 \overline{R}}{1-a_1} = \frac{a^2}{2-a}$$
$$L_{q,2} = \lambda_2 W_{q,2} = \frac{\lambda_2 \overline{R}}{(1-a_1)(1-a_1-a_2)} = \frac{a^2}{(2-a)(1-a)}$$

となる.

負荷に対して求めた $L_{q,1}$ と $L_{q,2}$ を,表 6.1 に示す.クラス 1 の待ち行列長は,負荷が 1 に漸近してもあまり増えないが,クラス 2 では急速に増加する.負荷はクラス 2 に集中していることがわかる.

表 6.1 負荷に対する平均待ち行列長

a	$L_{q,1}$	$L_{q,2}$
0.6	0.26	0.64
0.7	0.38	1.26
0.8	0.53	2.67
0.9	0.74	7.36
0.95	0.86	17.19
0.97	0.91	30.45

6.4.3 M/G/1 割り込み継続形

割り込み継続形システムは，サービスの最中であっても上位順位の客が到着すると上位順位の客のサービスを優先して割り込まれる点が，非割り込み形システムとの唯一の違いである．また，継続形では，上位順位の客すべてがサービスを受け終え，退出したあとにサービスは再開されるが，このサービス再開は中断された時点から行われる．

この結果，平均待ち行列時間の求め方において，6.4.2 項の非割り込み形システムとこのシステムとの違いは，つぎの三つの内容となる．

(1) 下位順位のクラスにはいつでも割り込みが可能であるので，クラス i の客にとって，下位クラス $(j = i+1, \cdots, n)$ の客はいないのと同等である．したがって，クラス i での平均待ち行列時間を考える際には，下位クラス j $(j = i+1, \cdots, n)$ を無視できる．

(2) 下位クラスには割り込みができるので，平均残余サービス時間の算出では，割り込むことができない同クラス以上の客に対する残余サービス時間のみを考えればよい．したがって，クラス i で必要な平均残余サービス時間 $\overline{R_i}$ は，式 (6.45) より次式となる．

$$\overline{R_i} = \frac{1}{2} \sum_{k=1}^{i} \lambda_k \langle x_k^2 \rangle \tag{6.55}$$

クラス i が最下位順位であるならば，式 (6.55) は式 (6.45) と等しく，平均待ち

行列時間は，非割り込み形システムと同じ式 (6.53) となる．
(3) サービスの開始から終了までの時間は，上位順位の客からの割り込みが入るため，サービス時間より長くなる．この様子を，図 6.9 に示す．いま，平均サービス時間を h_i とするクラス i での客において，サービス開始から終了までの平均時間を h'_i とすると，この時間中に到着する上位クラス j での平均客数は $\lambda_j h'_i$ であり，この到着した客のサービスのため中断する時間は $(\lambda_j h'_i) h_j$ である．したがって，h'_i は次式を満足する．

$$h'_i = h_i + \sum_{j=1}^{i-1} (\lambda_j h'_i) h_j = h_i + \sum_{j=1}^{i-1} a_j h'_i$$
$$= \frac{h_i}{1 - \sum_{j=1}^{i-1} a_j} \tag{6.56}$$

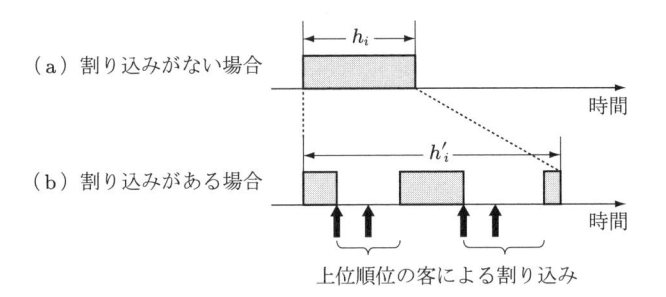

図 6.9　サービス時間中での割り込み

以上の結果，クラス i での平均待ち行列時間と平均システム時間は

$$W_{q,i} = \frac{\overline{R_i}}{(1 - a_1 - a_2 - \cdots - a_{i-1})(1 - a_1 - a_2 - \cdots - a_i)} \tag{6.57}$$

$$\begin{aligned} W_i &= W_{q,i} + h'_i \\ &= \frac{\overline{R_i}}{(1 - a_1 - a_2 - \cdots - a_{i-1})(1 - a_1 - a_2 - \cdots - a_i)} \\ &\quad + \frac{h_i}{1 - a_1 - a_2 - \cdots - a_{i-1}} \end{aligned} \tag{6.58}$$

となる．ここで，$\overline{R_i}$ は式 (6.55) による．とくに，$i=1$ と 2 では次式を得る．

$$W_{q,1} = \frac{\overline{R_1}}{1-a_1}, \quad W_1 = \frac{\overline{R_1}}{1-a_1} + h_1 \tag{6.59}$$

$$W_{q,2} = \frac{\overline{R_2}}{(1-a_1)(1-a_1-a_2)}, \quad W_2 = \frac{\overline{R_2}}{(1-a_1)(1-a_1-a_2)} + \frac{h_2}{1-a_1} \tag{6.60}$$

例 6.6 ▶ 割り込み継続形優先権付きシステムにおけるパケットの転送

例 6.4 のパケットルータにおける処理規律を，割り込み継続形優先権付きとし，平均待ち行列時間と平均システム時間を求めてみる．

$$\overline{R_1} = \frac{1}{2}\lambda_1 h_1^2 = \frac{1}{2} 0.1 \times 10^4 \times \left(5 \times 10^{-6}\right)^2 = 0.0125 \times 10^{-6}, \quad \overline{R_2} = \overline{R}$$

$$W_{q,1} = \frac{\overline{R_1}}{1-a_1} = \frac{0.0125 \times 10^{-6}}{1-0.005} \approx 0.0126 \times 10^{-6} = 0.0126\,[\mu s]$$

$$W_1 = \frac{\overline{R_1}}{1-a_1} + h_1 = (0.0126 + 5) \times 10^{-6} = 5.0126 \times 10^{-6} \approx 5.01\,[\mu s]$$

$$W_{q,2} = \frac{\overline{R_2}}{(1-a_1)(1-a_1-a_2)} = 105.3 \times 10^{-6} \approx 105\,[\mu s]$$

$$W_2 = W_{q,2} + \frac{h_2}{1-a_1} = \left(105.3 + \frac{80}{1-0.005}\right) \times 10^{-6} \approx 185.7 \times 10^{-6}$$
$$= 186\,[\mu s]$$

非割り込み形の結果（例 6.4）と比較すると，クラス 1 の平均待ち行列時間と平均システム時間は大幅に短縮されるが，クラス 2 での時間増は無視できる程度である．クラス 1 の客数割合が小さい場合には，優先権による割り込み効果は絶大である．

章末問題

6.1 確率密度関数が指数関数 $f(x) = e^{-\mu x}\mu$ である場合，n 次モーメントが式 (6.61) となることを示せ．

$$\langle x^n \rangle = n!/\mu^n \tag{6.61}$$

6.2 式 (4.7) のポアソン分布において，式 (6.62) が成立することを示せ．

$$\langle k^2 \rangle \equiv \sum_{k=0}^{\infty} k^2 \frac{(\lambda x)^k}{k!} e^{-\lambda x} = (\lambda x)^2 + \lambda x \tag{6.62}$$

6.3 64バイトの固定長パケットを転送するパケットルータは，出力伝送路の伝送速度が100 Mbpsで無限個のパケットをバッファ内に蓄積できる．設計上の最大パケット到着率を，毎秒19.5万パケットとする．このときの，最大待ち行列時間を求めよ．

6.4 式(6.53)を数学的帰納法により証明せよ．

6.5 あるパケットルータでは，毎秒平均1万パケットの到着があり，非割り込み形の優先制御よる転送を行っている．パケットは2種類しかなく，優先権のあるクラス1パケットは，2000ビット長で，20％割合にある音声パケットである．優先権のないクラス2パケットは，10000ビット長で，80％割合となるデータパケットである．ルータ内には，行列を無限長に形成できるメモリバッファがあり，出力伝送路は，速度100 Mbpsの1回線である．
このとき，(1) 優先権がない場合における①平均待ち行列時間と②平均システム時間，(2) 優先権がある場合における①クラス1の平均待ち行列時間と平均システム時間，②クラス2の平均待ち行列時間と平均システム時間をそれぞれ求めよ．

6.6 三つのクラスをもつ非割り込み形優先権付きM/D/1システムを考える．クラス1, 2, 3の順に優先権があるが，客の平均到着率と平均サービス時間は，三つのクラスすべてで同じであるとする．全部の客の平均到着率をλとし，サービス時間はすべて一定でhとするとき，負荷$a = \lambda h$に対する各クラスの平均待ち行列長を求め，表6.2を埋めよ．

表 6.2　負荷に対する平均待ち行列長

a	$L_{q,1}$	$L_{q,2}$	$L_{q,3}$
0.60			
0.70			
0.80			
0.90			
0.95			
0.97			

6.7 問題6.5におけるパケットルータの処理規律を，割り込み継続形優先権付きとし，①クラス1での平均待ち行列時間と平均システム時間，②クラス2での平均待ち行列時間と平均システム時間，をそれぞれ求めよ．

第7章　システム信頼性理論

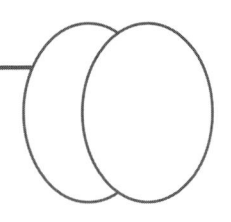

　交換機設計やネットワーク設計の問題をトラヒックから解決する手法を前章までで学習したが，これら設計問題はさらにもう一つ別の観点からも解答を得る必要がある．それは，ネットワークの信頼性である．一般に，システムの信頼性設計を行うだけではなく，信頼性を高める手法までを提供するものを，信頼性工学（reliability engineering）という．

　信頼性工学は，製品や設備の信頼性をいかにして向上させるかという目的をもつため，信頼度評価の理論から，品質管理手法，保全体系，信頼性試験，デザインレビューまで，非常に幅広い技術体系を包含している．信頼性の高い製品を生み出すということは，数学，物理学から管理手法に至る広汎な学問に基づく技術の結集であり，この総合技術力が，製品の競争力を高める源泉となっている．

　信頼性工学の全般を説明することは，本書の範囲を超える．そこで，通信システムやネットワークの信頼度設計を行うためにその手法を学ぶ，ということを目的として，本章では信頼度評価の理論を中心に説明する．

7.1　信頼度関数と故障率関数

　信頼性評価の対象となるシステムや要素を，JIS Z 8115 ディペンダビリティ（信頼性）用語（2000）では**アイテム**（item）という．電気素子や半導体部品のような部品レベルのものから，それらの部品より構成される装置，装置を組み合わせたシステム，さらにはネットワークのような巨大システムまでのさまざまな階層にあるものを評価対象とするが，その単位をアイテムという名称で一律によんでいる．ただし，システムレベルのものを上位アイテム，部品レベルのものを下位アイテムという区別がある．

　本章で扱う対象は，通信システムやネットワークであるため，JIS Z 8115 での上位アイテムに相当する．しかし，アイテムという言葉になじみがないので，ここでは上位アイテムをシステム，その構成要素である下位アイテムを部品とよぶことにする．

7.1 信頼度関数と故障率関数

信頼性評価の基準である**信頼度**とは，システムが規定の期間中要求された機能を果たす確率をいう．さらに，信頼度の時間関数である**信頼度関数** $R(t)$ を，初期時間 ($t=0$) から稼動して時間 t で正常に作動している確率と定義する．すなわち，$R(t)$ は t 時間故障しない確率である．この余事象となる時間関数，すなわち，t 時間後までに故障する確率を**不信頼度関数**，または**故障分布関数** $F(t)$ という．当然，$R(t)$ とは次式の関係となる．

$$F(t) = 1 - R(t) \tag{7.1}$$

システムは，初期時間 ($t=0$) では確実に作動しているが，徐々に故障の確率が増加し，無限時間の経過後には寿命に達して作動しない．したがって，図 7.1 に示すように，$R(t)$ は時間に対して単調減少関数，$F(t)$ は単調増加関数であり，その境界条件は次式のとおりである．

$$R(0) = 1, \quad R(\infty) = 0 \tag{7.2}$$

$$F(0) = 0, \quad F(\infty) = 1 \tag{7.3}$$

また，$R(t)$, $F(t)$ は 1 台における確率であるので，初期時間 ($t=0$) で作動しているシステム数が N_0 の場合，時間 t で正常に作動しているシステム数は $N_0 R(t)$ であり，故障して作動していないシステム数は $N_0 F(t)$ となる．

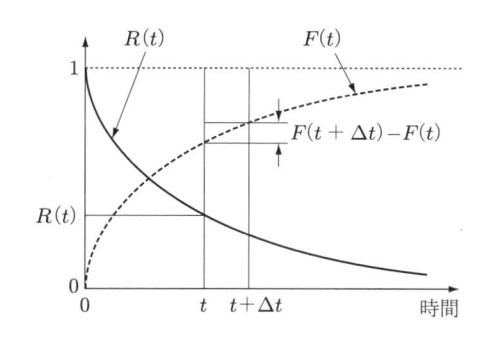

図 7.1 信頼度関数と不信頼度関数

図 7.1 に示すように，$[t, t+\Delta t]$ の間に故障する確率は $F(t+\Delta t) - F(t)$ であるので，この間に故障するシステム数は $N_0 \{F(t+\Delta t) - F(t)\}$ となる．これを，時間 t で正常であるシステム数 $N_0 R(t)$ で割ると，Δt 間での故障率 $\lambda(t) \Delta t$ を得る．すなわち，正常なシステム数に対して単位時間あたりに故障するシステム数の割合を**故障率**

といい，時間 t で正常動作するシステムが t から引き続く単位時間に故障する確率は**故障率関数** $\lambda(t)$ である．$\Delta t \to 0$ の極限で，故障率関数

$$\lambda(t) = \frac{N_0\{F(t+\Delta t)-F(t)\}/\Delta t}{N_0 R(t)} = \frac{dF(t)/dt}{R(t)} = -\frac{dR(t)/dt}{R(t)} \tag{7.4}$$

を得る．ここで，式 (7.1) を用いた．

式 (7.4) の故障率関数を用いると，$R(t), F(t)$ は次式となる．

$$R(t) = \exp\left[-\int_0^t \lambda(\tau)d\tau\right], \quad F(t) = 1-\exp\left[-\int_0^t \lambda(\tau)d\tau\right] \tag{7.5}$$

また，時間 $t=0$ で作動を開始したシステムが，単位時間あたりに故障する確率である**故障密度関数** $f(t)$ は，

$$f(t) = \frac{dF(t)}{dt} = \lambda(t) \cdot R(t) \tag{7.6}$$

となり，**平均故障寿命**（MTTF: mean time to failure）は次式より求められる．

$$MTTF = \langle t \rangle = \int_0^\infty tf(t)dt = \int_0^\infty t\lambda(t)R(t)dt \tag{7.7}$$

例 7.1 ▶ 指数分布

故障率関数が時間によらず，一定値 λ である場合，式 (7.5)～(7.7) は

$$R(t) = e^{-\lambda t}, \quad F(t) = 1 - e^{-\lambda t} \tag{7.8}$$

$$f(t) = \lambda e^{-\lambda t} \tag{7.9}$$

$$MTTF = \langle t \rangle = 1/\lambda \tag{7.10}$$

となる．式 (7.8)～(7.10) は，トラヒック理論で学習したマルコフ過程での関係式，たとえば呼の生起過程と同じである．故障率が時間に依存せず一定であることは，故障の発生がマルコフ過程に従うことを意味する．

例 7.2 ▶ ワイブル分布

システムや装置は多くの部品や機器により構成されるが，システムの故障はこれら部品のうちもっとも脆弱な部分によって引き起こされる．この機構を簡単に表すものとして用いられているものがワイブル分布（Weibull distribution）である．

この分布の故障率関数は，次式で表される．

$$\lambda(t) = \frac{m}{\eta}\left(\frac{t-\gamma}{\eta}\right)^{m-1} \quad (t \geq \gamma,\ m, \eta > 0) \tag{7.11}$$

式 (7.11) は，故障は $t \geq \gamma$ で起こり，それ以前はまったくないことを表す．また，m の大きさにより，

$m < 1$：故障率減少（**DFR**: decreasing failure rate distribution）型
$m = 1$：故障率一定（**CFR**: constant failure rate distribution）型
$m > 1$：故障率増大（**IFR**: increasing failure rate distribution）型

に分類され，故障パターンとの対応がつけられる．7.2 節で述べるが，バスタブ曲線では各故障期間で m の値が異なる．とくに，$m = 1$ の場合は $\lambda(t) = 1/\eta$ となり故障率は時間によらない一定値で，信頼度関数は指数分布となる．

各関数は次式となる．

$$R(t) = \exp\left[-\left(\frac{t-\gamma}{\eta}\right)^m\right],\quad F(t) = 1 - \exp\left[-\left(\frac{t-\gamma}{\eta}\right)^m\right] \tag{7.12}$$

$$f(t) = \frac{m}{\eta}\left(\frac{t-\lambda}{\eta}\right)^{m-1} \exp\left[-\left(\frac{t-\gamma}{\eta}\right)^m\right] \tag{7.13}$$

$$MTTF = \eta \cdot \Gamma\left(\frac{1}{m}+1\right) \tag{7.14}$$

ここで，$\Gamma(x)$ はガンマ関数であり，次式で定義される．

$$\Gamma(x) = \int_0^\infty x^{x-1} e^{-t} dt \quad (x > 0)$$

7.2 信頼性の尺度

7.2.1 バスタブ曲線と稼働率

システムの故障率は時間とともに変化する．故障率時間変化の典型的なパターンを，図 7.2 に示す．底が平坦でふろおけのような形であるため，バスタブ（bath-tub）曲線とよばれている．曲線は，三つの期間に分けられる．

(1) **初期故障期間**：運用初期において，設計製造上の不具合や使用環境との不適合によって故障が発生する期間であり，故障率は時間とともに急激に減少する．ワイブル分布では，$m < 1$ の値となる．

(2) **偶発故障期間**：初期故障が収まり，システムが安定に動作する期間である．故

図中ラベル：初期故障期 $m<1$、偶発故障期 $m=1$、磨耗故障期 $m>1$、故障率 $\lambda(t)$、時間

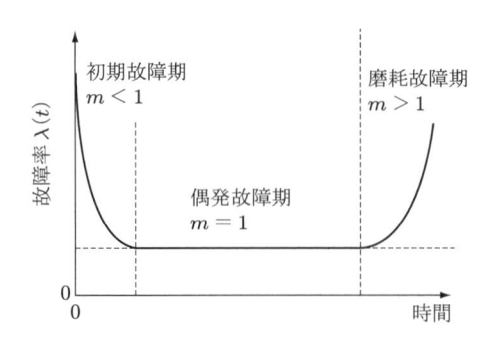

図 7.2 故障率パターン（バスタブ曲線）

障率は一定値，すなわち $m=1$ であり，信頼度関数は指数関数となる．
(3) **磨耗故障期間**：疲労や磨耗の老化現象によって，経過時間とともに故障率が増大する期間で，やがて寿命と認定される．$m>1$ の値となる．

これら3期間のうち，システムが安定して稼動しているのは(2)の偶発故障期間である．初期故障を早期に洗い出し，疲労や磨耗をできるだけ少なくする工夫をして偶発故障期間を長くすることが，システムの効率的な運用となる．したがって，システムの信頼性設計は，この期間が長く存在することを前提に，この期間の状態に対して行われる．

偶発故障期間では，故障はランダムに（偶発的に）発生する．故障を見つけると早急に修理，または部品取り替えをして稼動を再開することが，システムの効率的な運用には欠かせない．システムやネットワークのような上位アイテムでは，故障すると当然修理して復旧させる．このように，故障修理が可能なものを**修理系**という．一方，部品レベルの下位アイテムでは，故障した場合には修理ができず取り替えられる．このような，修理が不可能なものを**非修理系**という．

修理系での偶発故障期間では，故障は一定の故障率でランダムに発生する．システムが作動を開始，または再開してから，故障により作動が停止するまでの時間を**故障間隔**といい，その平均値を**平均故障間隔**（MTBF: mean time between failure）という．これに対して，7.1 節で述べた，故障により作動が不可能となるまでの時間である平均故障寿命（MTTF）は，非修理系の概念である．また，故障に対して，修復作業を開始した時点から作動可能状態に回復するまでの時間を**修復時間**といい，その平均値を**平均修復時間**（MTTR: mean time to repair）という．

修理系においては，効率性の尺度に**稼働率**（JIS Z 8115 では**アベイラビリティ**とい

う：availability）が使われる．ある時点において機能を維持している確率，または，ある期間中に機能を維持している時間割合で定義される．より具体的には，**固有稼働率**を求める次式の値がその尺度に用いられる．

$$固有稼働率 = \frac{MTBF}{MTBF + MTTR} \tag{7.15}$$

式 (7.15) でわかるように，稼働率は，MTBF を大きくするか，すなわち故障間隔を長くするように信頼度を上げるか，MTTR を小さくする，すなわちすみやかに修理することで 100％に近づけることができる．

例 7.3 ▶ 固有稼働率の計算

あるシステムは 5 年間の運用中，3 回故障し，そのときの停止修復時間は 30 日間，20 日間，5 日間であった．稼働率は，

$$稼働率 = \frac{5 \times 365 - (30 + 20 + 5)}{5 \times 365} \approx 0.970$$

より 97.0％であった．同じシステムで平均をとったところ，MTBF が 1 万時間，MTTR が 500 時間であった．したがって，固有稼働率は

$$固有稼働率 = \frac{10000}{10000 + 500} \approx 0.952$$

より約 95.2％となる．

7.2.2 故障率

偶発故障期間にあるシステムが，正常作動と故障・復旧とを繰り返す様子を，図 7.3 に示す．正常作動を開始してから故障を起こすまでの時間を故障間隔ということは，すでに述べた．平均故障間隔の逆数が故障率であり，システムが安定しているこの期間では，故障率は一定値となり信頼度関数は指数関数となる．したがって，故障の発

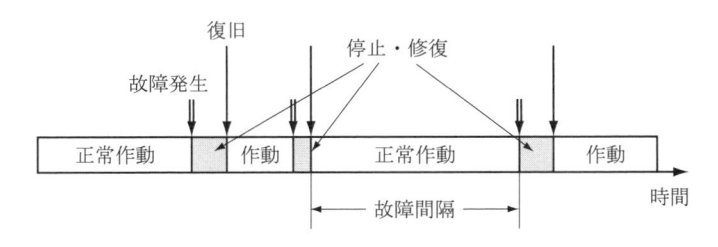

図 7.3 システム故障と復旧

生はポアソン過程に従う．

図 7.3 に示す故障発生モデルには，トラヒック理論がそのまま利用できる．表 7.1 に，信頼性理論とトラヒック理論，待ち行列理論との対応を示す．故障は呼に，故障の発生は呼の生起に，修復はサービスに，平均修復時間は平均保留時間に，それぞれ対応する．修復はサービスに対応するので，修理設備数は回線数や窓口数に相当する．したがって，修理時間や修理待ち行列など修理に関する事象の解明には，そのまま待ち行列理論が利用できる．

表 7.1 信頼性理論とトラヒック理論，待ち行列理論の用語と記号

記号	トラヒック理論	待ち行列理論	信頼性理論
	呼	客	故障
	生起	到着	発生
λ	呼数密度	平均到着率	故障率
$h\ (=1/\mu)$	平均保留時間	平均サービス時間	平均修復時間
$\mu\ (=1/h)$	平均終了率	平均サービス率	修復率
s	回線数	窓口数，サービス機構数	修理設備数

具体例として，故障率が λ であるシステム群では，運用開始から t 時間経過したとき k 個のシステムが故障する確率は，次式のポアソン分布となる．

$$P_k(t) = \frac{(\lambda t)^k}{k!} e^{-\lambda t} \tag{7.16}$$

例 7.4 ▶ 偶発故障の出現回数

あるシステムでは 100 ヶ月間での故障件数が 30 件あった．1 ヶ月に 2 件以上の故障が発生する確率は，故障率は $\lambda = \frac{30}{100} = 0.3\,[1/月]$ であるので，$\lambda t = 0.3$ となり，

$$P = 1 - e^{-0.3} \left\{ \frac{(0.3)^0}{0!} + \frac{(0.3)^1}{1!} \right\} \approx 0.037$$

となる．

情報通信システムにおける故障率の単位には，一般に $1/(10^9\,時間)$ が用いられており，この単位を **FIT** とよんでいる．すなわち，

$$1\,FIT = 1/(10^9\text{時間}) \tag{7.17}$$

である．たとえば，一つのトランジスタの故障率が $5\,FIT$ であるということは，平均故障寿命（MTTF）が 2×10^8 時間であることを示す．したがって，このトランジスタを 100 個使用し，このうち 1 個が故障すると作動しなくなる装置での故障率は，$500\,FIT$ となる．

例 7.5 ▶ 故障率の計算

あるシステムに要求される MTBF が 10 万時間であるとする．この装置には 500 個の部品が組み込まれており，そのうち 1 個の部品でも故障するとシステムは作動しない．このとき，各部品に要求される故障率は

$$\frac{1}{100000} \times \frac{1}{500} = \frac{10^4\,FIT}{500} = 20\,[FIT]$$

であり，このときの MTTF は 5×10^7 時間である．

7.3　直列系と並列系

システムの信頼性設計を行う際には，多くの構成要素間における機能的なつながりを**ブロック図**という視覚的にとらえやすい形にする．ブロック図の基本となるものは，**直列系**と**並列系**である．それらの信頼性設計の基本的なシステムモデルを，図 7.4 に示す．図 (a) は直列系，図 (b) は並列系を示す．構成要素は n 個あり，それぞれの信頼度を $R_i\ (i = 1, \cdots, n)$ とおく．

直列系は，構成要素が一つでも故障すれば故障となるシステムである．直列系が機能するためには，すべての構成要素が機能しなければならないので，システムの信頼度 R は，次式のように各要素での信頼度の積となる．

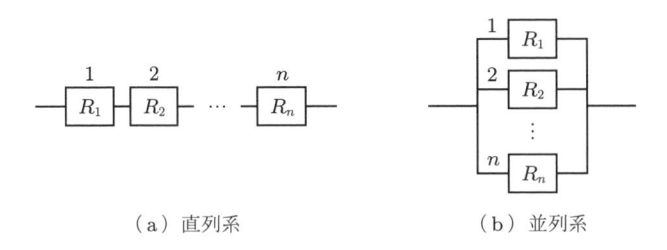

（a）直列系　　　　　　（b）並列系

図 **7.4**　基本的なシステムモデル

$$R = R_1 \cdot R_2 \cdots R_n = \prod_{i=1}^{n} R_i \tag{7.18}$$

各構成要素の故障率が一定値 λ_i $(i=1,\cdots,n)$ の場合，各要素の信頼度関数は指数分布 $R_i = e^{-\lambda_i t}$ となるので，システム信頼度は

$$R = e^{-\lambda_1 t} \cdot e^{-\lambda_2 t} \cdots e^{-\lambda_n t} = e^{-(\lambda_1 + \lambda_2 + \cdots + \lambda_n)t} \tag{7.19}$$

となり，システムの故障率 λ は，次式のように各故障率の合計である．

$$\lambda = \lambda_1 + \lambda_2 + \cdots + \lambda_n \tag{7.20}$$

例 7.5 で説明した FIT 計算は，信頼度の観点からは，各部品がシステムに直列系で組み込まれていることを前提としている．

並列系とは，システムの構成要素がすべて故障したときのみ故障となるシステムである．各要素の不信頼度を $F_i = 1 - R_i$ $(i=1,\cdots,n)$ とすると，すべての不信頼度が重なったときにはじめて，システムの不信頼度 $F = 1 - R$ が高まる結果となるので，

$$F = F_1 \cdot F_2 \cdots F_n = \prod_{i=1}^{n} F_i \tag{7.21}$$

となり，システムの信頼度で書き直すと，次式となる．

$$R = 1 - F = 1 - \prod_{i=1}^{n}(1 - R_i) \tag{7.22}$$

なお，構成要素や手段を余分に付加することにより実現する，構成要素の一部が故障してもシステムの故障とならない性質を，**冗長性**といい，図 7.4(b) のように構成要素を並列に結合したものを，**並列冗長**という．冗長構成には，並列冗長以外に，n 個の構成要素中 m 個が正常に作動していればシステムは正常に作動する構成である **m/n 冗長**（m out of n）がある．

例 7.6 ▶信頼度計算

図 7.5 に示す 3 パターンのシステムモデルにおいて，信頼度を計算する．構成要素の信頼度はすべて 0.9 とした．

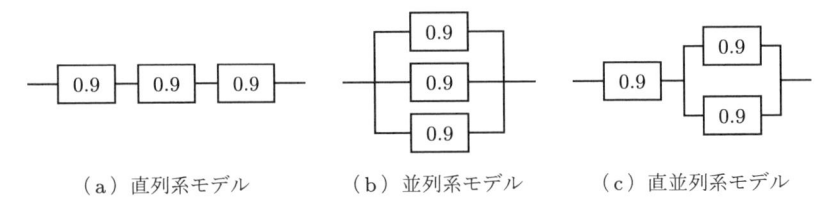

図 7.5 信頼度計算モデル

(a) 直列系モデル

$$R = 0.9 \times 0.9 \times 0.9 = 0.729, \quad F = 1 - 0.729 = 0.271$$

(b) 並列系モデル

$$R = 1 - (1 - 0.9) \times (1 - 0.9) \times (1 - 0.9) = 0.999, \quad F = 1 - 0.999 = 0.001$$

(c) 直並列系モデル

$$R = 0.9 \times \{1 - (1 - 0.9) \times (1 - 0.9)\} = 0.891, \quad F = 1 - 0.891 = 0.109$$

また，不信頼度から計算すると，構成要素の不信頼度は 0.1 であるので，

(a) 直列系モデル

$$F = 1 - (1 - 0.1) \times (1 - 0.1) \times (1 - 0.1) = 0.271, \quad R = 1 - 0.271 = 0.729$$

(b) 並列系モデル

$$F = 0.1 \times 0.1 \times 0.1 = 0.001, \quad R = 1 - 0.001 = 0.999$$

(c) 直並列系モデル

$$F = 1 - (1 - 0.1) \times (1 - 0.1 \times 0.1) = 0.109, \quad R = 1 - 0.109 = 0.891$$

となり，当然のことながら，同じ結果を得る．

例 7.7 ▶ 並列冗長系の構成

n 個の構成要素が直列系でシステムを構成している場合，そのシステムの並列冗長系を構成するやり方には二つある．一つは，まったく同じシステムを m 個並列に並べるやり方であり，もう一つは，n 個の構成要素ごとに同じ要素を m 個並列にするやり方である．前者を，**システム並列冗長系**，後者を**要素並列冗長系**という．構成要素は全部で同じ nm 個であるが，信頼度は要素並列冗長系のほうが高い．

(a) システム並列冗長系　　　(b) 要素並列冗長系

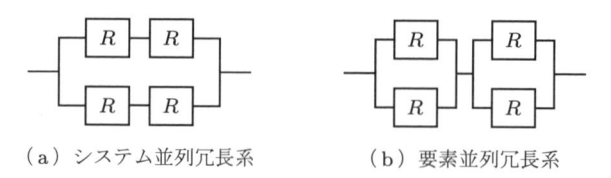

図 7.6 並列冗長系のモデル

図 7.6 に示すような，$n=2, m=2$ の簡単なモデルでその信頼度を比較してみる．各構成要素の信頼度は，すべて同じ R とする．

図 (a) に示すシステム並列冗長系の信頼度を R_S とすると，

$$R_S = 1 - (1 - R \cdot R)(1 - R \cdot R) = 2R^2 - R^4$$

となり，図 (b) に示す要素並列冗長系の信頼度を R_E とすると

$$R_E = \{1 - (1-R)(1-R)\}\{1 - (1-R)(1-R)\} = 4R^2 - 4R^3 + R^4$$

となる．その差は

$$R_E - R_S = 2R^2(1-R)^2 > 0$$

であり，つねに $R_E > R_S$ である．

システム並列冗長系の信頼度よりも要素並列冗長系のほうが高い理由は，つぎのように解釈することができる．システム並列系では，一つの構成要素が故障するとその直列系システムは作動できなくなるため，そのシステム内のすべての構成要素が故障しているのと等価になる．一方，要素並列系では，一つの構成要素が故障しても，その要素の並列部品の数が一つ減るだけであり，システム全体への信頼度に波及する度合いは小さい．

7.4　ネットワークの信頼性

　ネットワークの要素をその機能から大きく分類すると，端末，ノード（交換機），およびリンク（伝送路）となる．端末は直近のノード（電話の場合には加入者交換機，一般にはアクセスノードといわれる）に一対一で接続されるので，端末やそのアクセス回線が故障しても影響はその端末のみにとどまる．したがって，ネットワークの信頼性設計を行うには，まずノードとリンクのみで構成された系を考える．

　図 7.7 に，ノードとリンクのみで構成されたネットワークの例を示す．ネットワークの信頼度とは，ノード間の信頼度である．たとえば，ノード A からノード E まで

7.4 ネットワークの信頼性　153

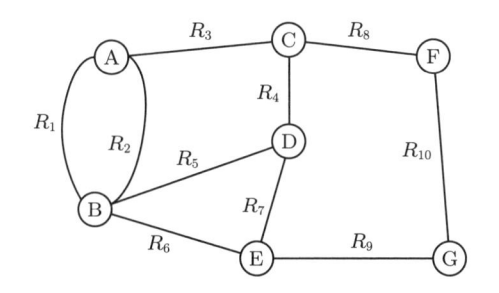

図 7.7 ネットワークの信頼性モデル

の信頼度といい，これはノード A からノード E まで情報を転送することを想定して，転送可能な全ルートから計算される信頼度のことである．端末は直近のノードに接続されるので，ノード間の信頼度が求まれば，端末間の信頼度は求められる．

　個々のノードとリンクに信頼度が与えられれば，システムの信頼度設計と同様な手法で，ネットワークの信頼度を計算することができる．しかし，設計に用いるブロック図は，図 7.4 に示すように，入力数と出力数が一つずつであることが必要である．リンクをブロック図で表すことはできるが，複数の接続先をもつノードは簡単ではない．そこでノードの場合には，図 7.8 に示すように，ノード内の 1 接点を中心として，信頼度を接続するリンクに振り分けることが行われる．この 1 接点が，信頼度計算でのノード点となる．

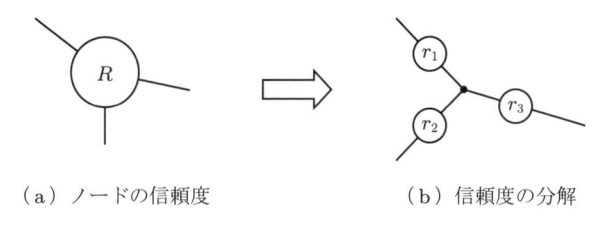

（a）ノードの信頼度　　　　（b）信頼度の分解

図 7.8 ノードの信頼性モデル

　結局，図 7.7 のネットワークは，信頼度をもたない点であるノードと個別の信頼度をもつリンクとで構成されることとなる．この状態になると，ノード間の信頼度は，直列系と並列系の計算手法に沿って求められる．すなわち，図 7.4 に示す複数の要素全体を一つの要素に集約し，それを繰り返すことによって簡単化できる．しかし，最終的にブリッジ形状となるネットワークに集約される場合がある．

　ブリッジネットワークの例を，図 7.9 に示す．これは，図 7.7 で A〜E のノードのみを考えて A–E 間の信頼度を計算する際，A–B 間は並列系，A–C–D 間を直列系に

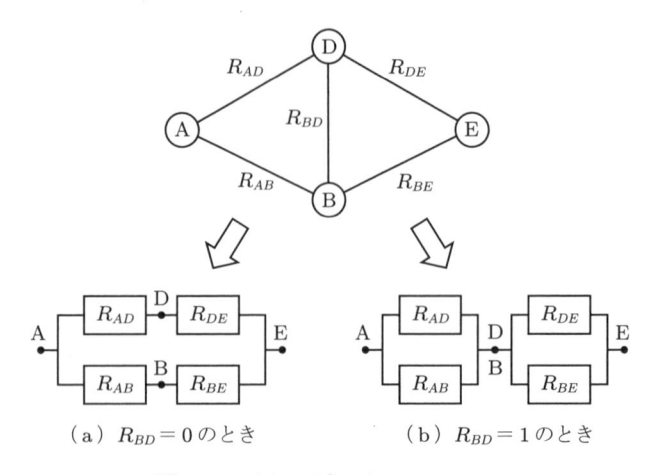

図 7.9 ブリッジネットワークモデル

(a) $R_{BD}=0$ のとき (b) $R_{BD}=1$ のとき

集約した結果，現れる．A–E 間の信頼度は，電気回路と同じように，ブリッジである D–B 間を開放する場合と短絡する場合の重ね合わせで求められる．すなわち，D–B 間の信頼度 R_{BD} を 0 または 1 とおく．

(a) $R_{BD}=0$ のとき，D–B 間は接続がない開放状態と同等であるので，A–D–E と A–B–E の二つの直列系を並列にした図 7.9(a) の形状となる．よって，A–E 間の信頼度 R_{AE} は次式となる．

$$R_{AE}[R_{BD}=0] = 1 - (1 - R_{AD}R_{DE})(1 - R_{AB}R_{BE}) \tag{7.23}$$

(b) $R_{BD}=1$ のとき，D–B 間は縮退した短絡状態と同等であるので，A–D/B と D/B–E の二つの並列系を直列にした図 7.9(b) の形状となる．よって，A–E 間の信頼度 R_{AE} は次式となる．

$$R_{AE}[R_{BD}=1] = \{1-(1-R_{AD})(1-R_{AB})\}\{1-(1-R_{DE})(1-R_{BE})\} \tag{7.24}$$

これらの重ね合わせは次式となる．

$$\begin{aligned} R_{AE} &= (1-R_{BD})R_{AE}[R_{BD}=0] + R_{BD}R_{AE}[R_{BD}=1] \\ &= (1-R_{BD})\{1-(1-R_{AD}R_{DE})(1-R_{AB}R_{BE})\} \\ &\quad + R_{BD}\{1-(1-R_{AD})(1-R_{AB})\}\{1-(1-R_{DE})(1-R_{BE})\} \end{aligned} \tag{7.25}$$

章末問題

7.1 ワイブル分布において $\gamma = 0$ としたとき，式 (7.12) の故障分布関数（不信頼度関数）は

$$1 - F(t) = \exp\left[-\left(\frac{t}{\eta}\right)^m\right] \tag{7.26}$$

と変形できる．式 (7.26) の両辺の自然対数を 2 回とると，m に関して

$$Y = mX + B \tag{7.27}$$

という関係式を得る．式 (7.27) の Y, X, および B を求めよ．

7.2 システム A における MTBF は 1000 時間で，MTTR が 150 時間であった．固有稼働率を求めよ．

7.3 偶発故障するシステム B がある．システム B は故障するとただちに修復され再び運用を続ける．このシステムにおいて，1 万時間の運用で 8 件目の故障が発生したので運用を打ち切った．システム B の①MTBF と②故障率を求めよ．

7.4 平均故障間隔の期間中に，2 件以上の故障が発生する確率を求めよ．

7.5 あるシステムに要求される MTBF が 5 万時間であるとする．この装置には 100 個の部品が組み込まれており，そのうち 1 個の部品でも故障するとシステムは作動しない．各部品に要求される①故障率と②MTTF を求めよ．

7.6 信頼度 0.9 の部品を組み合わせて構成したシステムのブロック図を，図 7.10 に示す．図 (a)，(b) に示すシステムの信頼度を計算せよ．

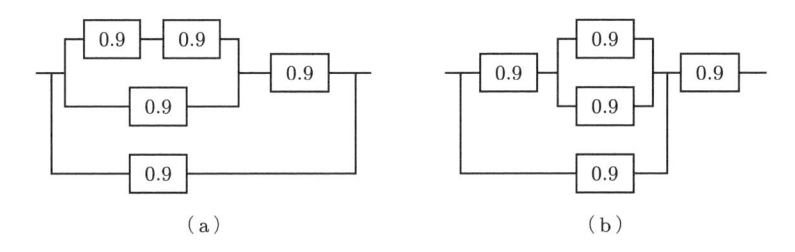

図 **7.10** 信頼度計算モデル

7.7 同じ信頼度 R をもつ 3 個の構成要素が，直列系でシステムを構成している．このシステムに対して，2 列の並列冗長をシステム並列冗長系と要素並列冗長系で構成する．①それぞれの冗長系の信頼度を求めよ．②①で求めた二つの信頼度の差を求めよ．また，それらの大きさを比較せよ．

7.8 図 7.11 に示すブリッジネットワークでは，ノード間リンクの不信頼度が与えられている．このネットワークにおいて，

① A–D ノード間における不信頼度を求めよ．
② ①において，$F_{AB} = F_{BC} = F_{AC} = F_{BD} = F_{CD} \equiv F \ll 1$，すなわち各リンクの不信頼度を 1 より十分小さい F とおき，F の二乗桁まで求めよ．

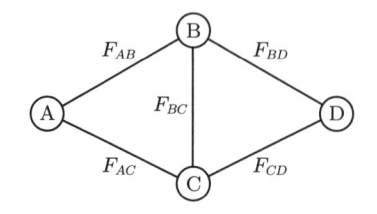

図 7.11 ブリッジネットワークの不信頼度計算

第 8 章　光パケット交換技術

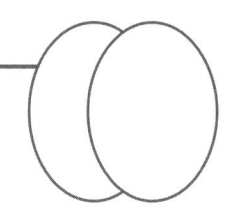

> 光は，もともとビット情報を小さいパワーで転送することは得意であるが，光自身を制御することは得意ではない．光パケットを光のまま転送処理するパケット交換機については，多くの研究者が期待をよせその実現に向けて精力的な研究を続けているが，まだまだ道は遠いのが現状である．メモリや論理演算など，明らかに光技術では不得意な分野があるからである．
>
> 本章では，光技術を用いたパケット交換機と光ネットワークの研究開発状況を説明する．この分野の研究開発を志す人々には，入門となるはずである．

8.1　光 IP ネットワーク

インターネットトラヒックが毎年前年比 1.5 倍の伸び率で増大していく現在のような状況において，電子処理による IP ルータでは転送能力に必ず限界が現れる．また，IP ルータの電力消費量もこのまま増大を続ければ，電力コストが運用コストの大きな比重を占めるようになり，地球温暖化も助長する結果となる．このような，大きな二つの問題を解決する方法として，光信号のままパケットを処理する光パケット交換機の登場が期待されている．光信号は高速スイッチングができる潜在能力をもち，また小さいパワーでビット情報を保持できるので，1 回線の伝送速度が 100 Gbps に達する状況になると光パケット交換機が必須となる．したがって，光パケット交換機は，次世代の IP ルータを担うこととなると期待されているのである．

8.1.1　光ネットワークの進展

光ファイバ通信システムが日本の通信回線にはじめて導入されたのは，1981 年のことである．伝送速度が 32 Mbps と 100 Mbps であり，当時としては超高速なディジタル伝送であったが，光通信技術の進歩はめざましく，時分割多重技術により十数年後の 1995 年には 10 Gbps の伝送速度を実現している．1990 年代には，光ファイバ増幅

器と波長多重用光合分波器が開発され，より一層高速化する高密度波長多重技術が光ファイバ通信に利用されるようになった．この技術により，2000 年代では光ファイバ1 本あたり 1 Tbps から 10 Tbps という伝送容量が現実のものとなった．

20 世紀末から，ネットワーク内では一度も電気信号に変換することなく，端末から端末まで光信号のまま転送することを可能とする全光ネットワークの概念が提唱され，その実現に向けての研究開発が活発に行われるようになった．この進化を可能とする新しい光ファイバ技術として，おもにつぎのものが挙げられる．

(1) 1200 nm から 1600 nm までの広い波長範囲にわたり実現されている光ファイバの低損失化
(2) エルビウム添加光ファイバ増幅器により代表される，光ファイバ低損失領域をカバーする光増幅技術の出現
(3) 石英平面光回路（PLC: planar lightwave circuit）による高密度波長多重合分波器，光クロスコネクト装置などの光部品・光装置の技術的向上

図 8.1 に，全光ネットワークにおける交換技術の発展形態を示す．

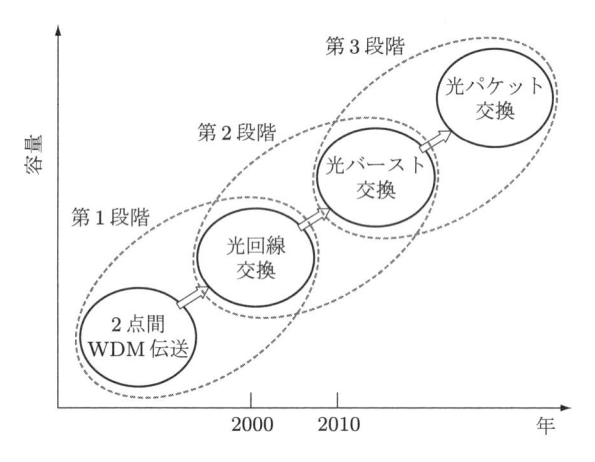

図 8.1 全光ネットワークにおける交換技術の発展

1990 年代は，高密度波長多重技術により 2 点間の伝送速度を 2 桁高速化することに成功したが，交換機は電気信号に変換して行う従来の方式のままであった．1990 年代の後半になると，波長を交換ラベルにして波長ごとに光パスを設定する光回線交換が行われるようになる．波長ごとの光パスでは，光クロスコネクト（**OXC**: optical cross connects）や再構成光 add/drop 多重化装置（**ROADM**: reconfigurable optical add/drop multiplexers）により，パス切り換えを行う．ここまではすでに実用に供されている内容であり，全光ネットワークの交換技術における第1段階といえる．

つぎの段階では，**光バースト交換**（optical burst switching）が利用されると予想される．光バースト交換は，回線交換とパケット交換の中間に位置している技術である．それは，あて先，QoS特性など属性が同じパケットを送信ノードにおいて集積し，あて先ノードに向けて一挙に転送する．転送する情報の形式はパケットであるが，送信ノードからあて先ノードまでは一時的な回線を設定する．

第3段階となると，光パケット交換が登場する．パケット状の光信号を，光信号のままパケットごとに交換し，転送する方法である．現在のIPルータにおける処理と親和性があり，既存ネットワークからの更改が容易に行えるものとなる．

8.1.2　光IPネットワークにおけるパケット転送
（a）　ネットワーク構成
光IPネットワークの構成を，図8.2に示す．図3.8に示すIPネットワークの構成と同様，他のネットワークとの接続を行うエッジルータと，光パケットの転送のみを

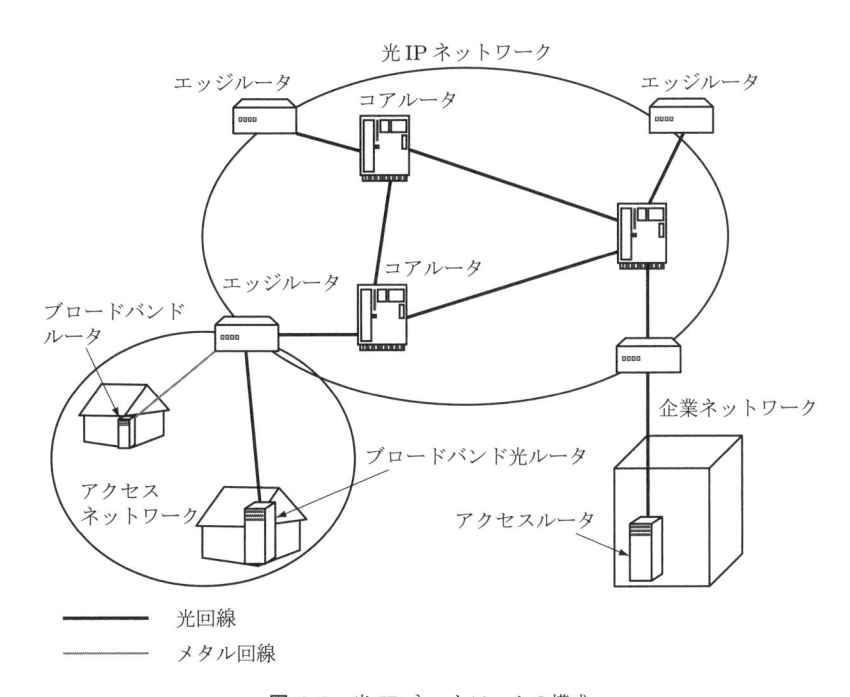

図 **8.2**　光IPネットワークの構成

行うコアルータにより構成される．エッジルータでは，接続ネットワークから転送されたパケットを集めて，光ネットワークの転送パケット形式に変換し，パケット状の光信号にして転送する．

(b) 光パケットの転送形式

図 8.3 に，光バースト交換と光パケット交換における光パケットの転送形式を示す．送信元エッジルータから，あて先エッジルータに光パケットを転送する際，途中のコアルータでスイッチングされる場合となっている．

図 8.3(a) に，光バースト交換の転送形式を示す．光パスを一時的に形成するための制御用光パケットが，バーストパケットに先行して，送信元エッジルータからあて

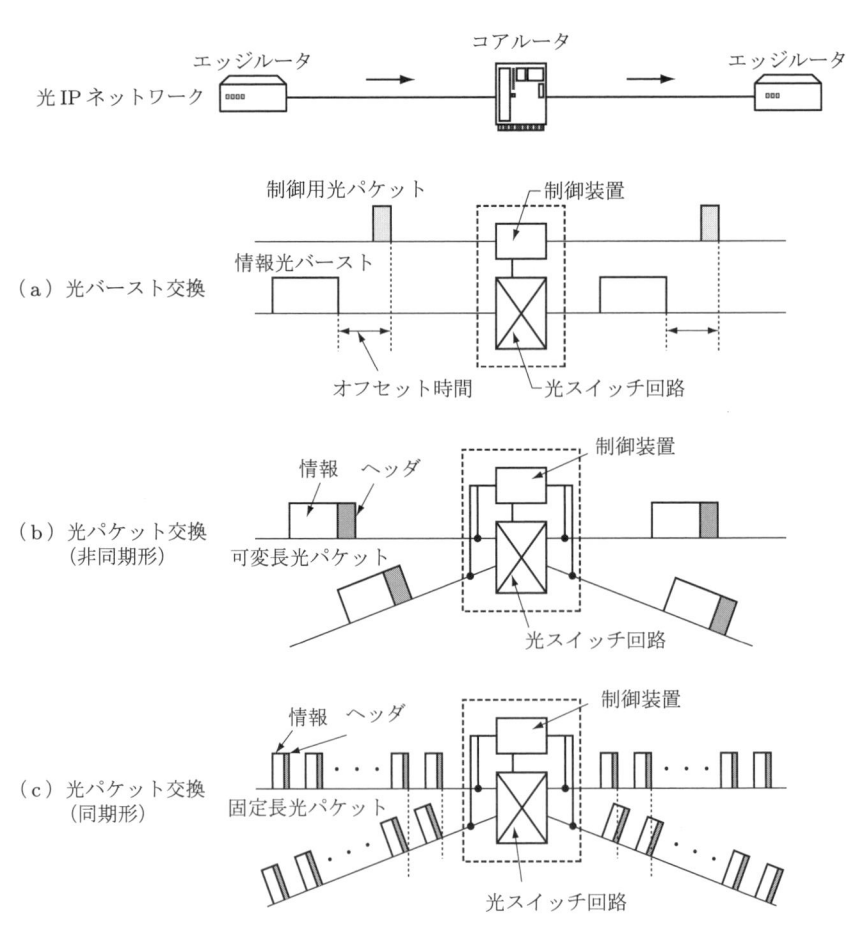

図 8.3 光バースト交換と光パケット交換の転送形式

先エッジルータに向けて転送される．光パスが形成されると，制御パケットからオフセット時間だけ遅れて，エッジルータに蓄積された情報がバースト状に転送される．したがって，コアルータではスイッチングをオフセット時間内に行い，光バーストが通過する間その接続を保持すればよい．

　図 8.3(b) は，光パケット交換で，IP ネットワークでのルータと同様，可変長の光パケットが任意の時刻に非同期で到着する場合（非同期形）を示す．パケット交換は蓄積・転送（store and forward）方式といわれるように，電子処理ではパケットをいったん RAM（random accesses memories：書込み読出しメモリ）に蓄積して転送する．これに対して，光技術の分野では，光信号のまま蓄積して任意に読出しできる光部品は，現在開発されていない．本質的に光技術において，RAM のような動作と機能を期待することは難しい．したがって，図 (b) のように，非同期で到着する可変長の光パケットを，蓄積することなくすべて一定の処理時間でスイッチングする方法が考えられる．

　その場合に起こる問題を，図 8.4 に示す．出線先が同じ光パケットどうしの衝突である．入線 1～3 に，出線 1 を出力先とするパケット 1～4 が入力されるとする．まず，パケット 1 が一定の処理時間を経て，出線 1 に出力される．パケット 1 の出力中と出力直後でのガードタイムに必要な一定時間は，ほかのパケットは出力できないので，入線 3 で入力されたパケット 2 は破棄される．ガードタイムとは，パケット間でスイッチング時間の余裕をもつために必要な時間間隔のことである．つぎに入力するパケット 3 はガードタイムを過ぎているので出力されるが，パケット 3 が出力中であるのでパケット 4 は破棄される．このように，パケット損失が大きく，転送効率が上がらない欠点がある．

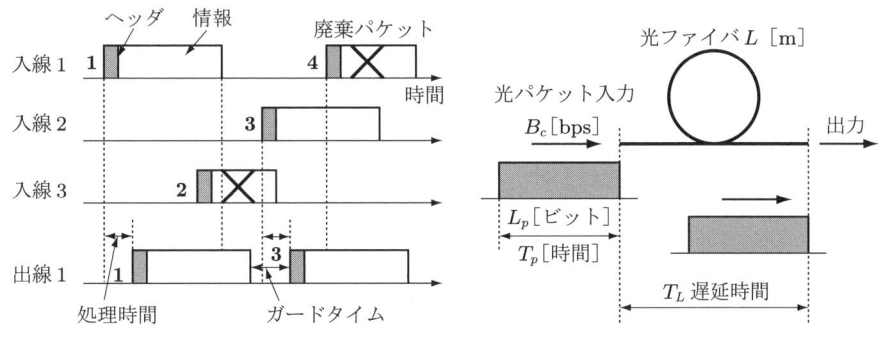

図 8.4　光パケット衝突

図 8.5　光ファイバ遅延線バッファ

光パケットを一時的に蓄積する確実な方法は，**光ファイバ遅延線**（optical fiber delay lines）を用いることである．光ファイバ遅延線とは，図 8.5 に示すように，光パケットが光ファイバを伝播する時間を蓄積時間として利用するものである．したがって，蓄積時間は光ファイバ長によりに一義的に決められ，必ず入力順に出力するという FCFS（first come first service）の処理規律に従う．

例 8.1 ▶ 光ファイバ遅延線における蓄積時間

　光パケットの蓄積機能を担う光素子として，現在研究開発中のものを含めると，つぎのものが挙げられる．
(1) 光ファイバ遅延線
(2) **遅い光**（slow light）素子：光遅延線の一種である．光ファイバ遅延線が数十 m から数 km の大きさになることに対して，内部に光共振器構造を形成することにより光デバイスレベルの素子で遅延機能を実現しようとするものである．光の伝播現象からみると，等価的に屈折率を極大化した素子に相当する．共振器構造を採用するため，波長選択性がきわめて大きいこと，1 ビット蓄積するためには光の波長サイズの大きさが必要なことなど，本質的な問題があり，光パケット交換機での利用はきわめて難しい．
(3) **光フリップ・フロップ**（optical flip-flop）素子：光による光の制御によりフリップ・フロップを実現するものである．古くから研究されている内容であるが，素子サイズや切り換え速度などにおいて問題があり，実用的なものに至っていない．現在，二波長共振器構造のレーザで，注入光の波長によりレーザ発振切り換えを行う光素子が注目されている．

　以上の内容から判断して，光パケット交換機用の蓄積デバイスとしては，光ファイバ遅延線が当分の間現実的なものであろう．

　図 8.5 に示す光ファイバ遅延線を考え，遅延時間を求める．長さ L [m] の光ファイバの伝播時間 t_g は，真空中での光の速度 $c = 3 \times 10^8$ [m/s]，光ファイバ屈折率 $n_f = 1.45$（波長 1550 nm）を用いると，

$$t_g = nL/c \approx 5 \times L \text{ [ns]} \tag{8.1}$$

である．一方，伝送速度 B_c [bps] で到着する長さ L_p [ビット] の光パケットにおける通過時間 T_p は，$T_p = L_p/B_c$ となるので，1 パケット分を蓄積するために必要な光ファイバ長は，次式となる．

$$L = (L_p/B_c) \times 2 \times 10^8 \text{ [m]} \tag{8.2}$$

長さ 1000 ビットの光パケットが，伝送速度 1 Gbps で到着するときは，

$$L = \frac{1000}{1 \times 10^9} \times 2 \times 10^8 = 200 \text{ [m]}$$

となり，伝送速度が 100 Gbps のときは，2 m の光ファイバとなる．高速になると光ファイバは短くてよく，コストは格段に軽減される．

(c) 同期形光パケット交換

3章において，高速IPルータの実装では，高速スイッチングを実現するために可変長パケットを固定長セルに区切りして，スイッチ回路に転送していることを説明した．非同期形におけるパケット衝突の問題を解決するため，光パケット交換機においても同様な手法が検討されている．

図 8.3(c) に，同期形光パケット交換の転送形式を示す．まず，エッジルータでは，可変長パケットを固定長パケットに変換し，一定間隔のタイムスロット内に格納して転送する．コアルータにおいては，各ルートからのタイムスロットは，伝送路長の違いから時間ずれが生じた状態で到着するので，光同期回路により同期をとって光スイッチ回路に入力されるようにする．

光ファイバ遅延線を用いた光同期回路の例を，図 8.6 に示す．時間差は最大1パケット長分存在するので，$(1/2) + (1/2)^2 + \cdots$ と $(1/2)$ 倍パケット長ずつ差を縮めることにより同期をとる．このルート切り換えには 2×2 スイッチを用い，初段と最終段をクロスにして，途中段スイッチでバーとすれば，遅延なしの状態となる．n 段の遅延線を用いると，最後の $(1/2)^n$ パケット長が同期誤差となる．

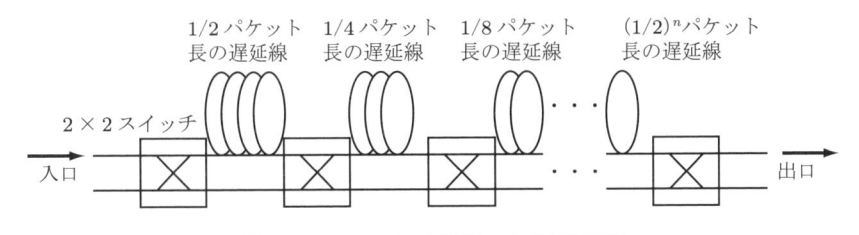

図 8.6 光ファイバ遅延線による同期回路

8.2 光パケット交換機の基本構成

同期形光パケット交換機の基本構成例を，図 8.7 に示す．この構成において，ルーチングとフォワーディングは電子処理で行うことを想定している．光技術における RAM

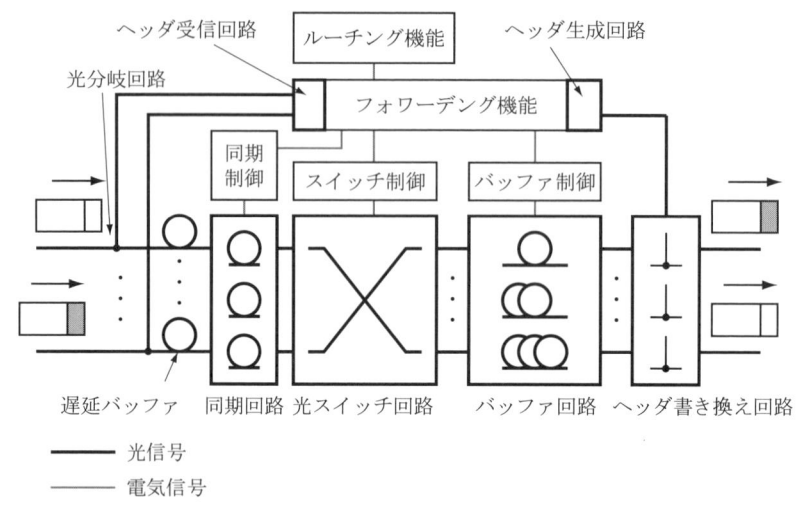

図 8.7 同期形光パケット交換機の基本構成（出力待ち行列形）

の実現が困難な状況では，経路表の作成と維持，経路検索，およびヘッダ計算，書き換え，スイッチ回路やバッファ回路などの制御は，電子処理に頼らざるをえない．したがって，各機能要素における動作はつぎのとおりである．

交換機には，タイムスロットに格納された固定長光パケットが，各ルートから到着する．光パケットの一部パワーは光分岐回路により取り出され，ヘッダ受信回路により電気信号に変えられる．パケットの受信時刻をもとに同期回路への制御が行われ，ヘッダ情報は制御装置のフォワーディング機能に送られる．ヘッダのあて先情報によりルーチング検索が行われ，その結果をもとにフォワーディング処理と各回路の制御が行われる．

光パケットは，フォワーディング処理に必要な時間を遅延バッファで費やしてから，同期回路にてタイムスロットの同期をとり，光スイッチ回路に入力される．スイッチング後，バッファ回路にて出線でのパケット衝突を回避し，さらに書き換えられたヘッダを光信号として挿入し，出力される．

この構成では，バッファ回路の位置に出力待ち行列形を採用しているが，3.3節で述べたように，出力待ち行列形で非閉塞とするためには，バッファ回路において入力ポート数分の多重化が必要である．電気変換しないで直接に光信号を時分割多重することは技術的に困難であるので，一般には，空間多重か波長多重が行われる．このために部品点数が多くなる欠点があるので，入力待ち行列形を採用する構成もある．

8.3 光ファイバ通信技術の進展

さまざまな光パケット交換機の構成が提案されているが，その実現には光ファイバ通信システムの性能向上と光機能部品における技術的な進展が必要である．8.4節で光パケット交換機の実験システムを紹介する前段として，光通信技術と光部品の開発状況を概説する．

8.3.1 波長多重光ファイバ通信システム

1989年に，希土類元素であるエルビウムを添加した光ファイバによる光増幅器が開発された．1500～1600 nmの広い増幅波長幅，20 dB以上という高い増幅利得，偏波無依存など多くの優れた特性をもつことから，光通信システムにはさまざまな目的で利用されている．図8.8は，波長多重光ファイバ通信システムの構成を示す．

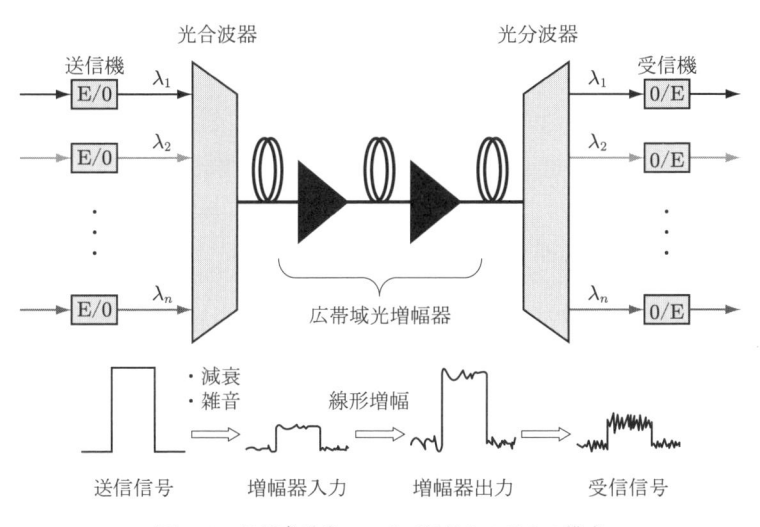

図 8.8 波長多重光ファイバ通信システムの構成

時分割多重信号は，λ_1からλ_nまである各波長の送信機により光信号に変換されて，光合波器により波長多重されて1本の光ファイバに送られる．ここで伝送容量は，時分割多重信号のn倍となる．光ファイバを伝搬して減衰した光は，途中の広帯域光ファイバ増幅器で各波長一括に増幅される．この光増幅器で繰り返し増幅されたあと，目的地まで伝送されると各波長に分波され，受信機で電気信号に変換される．このとき，光増幅器は，光信号に混入した光雑音をともにそのまま増幅する．したがって，きわ

めて長い距離を伝送する際には光ファイバ，光ファイバ増幅器などに対して特別の設計が必要となる．

光ファイバ増幅器における広帯域増幅特性は，光ファイバの低損失波長帯域と一致することから，多重する波長数を2桁以上に増やすことが可能である．図8.9に，光ファイバの損失と伝送に利用する波長帯域を示す．1520～1600 nm の波長幅で，10 THz の周波数帯域があるので，100 GHz 間隔（約 0.8 nm）で波長を並べると 100 波長が利用できる．

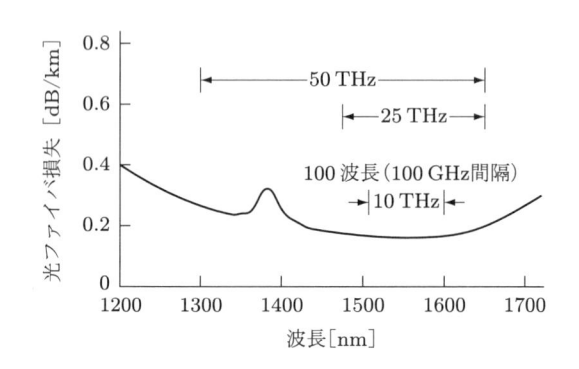

図 8.9 光ファイバ損失と伝送波長帯域

波長多重伝送を行うことが一般的となると，波長を光ネットワークに有効に利用しようとする方法が提案されるようになった．一つは，波長を一つの伝送単位（粒度：granularity）として扱う光パスである．この場合，波長は交換ラベルになり，波長によりルート切り換えを行う．

8.3.2 AWG

波長多重通信システムでは，多重化するために光合分波器を用いる．波長の異なる多くの光を異なる入力ポートから入力し，一つの出力ポートから出力させるものが**光合波器**（optical multiplexers）であり，逆の動作を行うものが**光分波器**（optical demultiplexers）である．受動素子である限り二つは同じものであり，入力方向の違いが機能の違いとなる．

光合分波器には多くの種類があるが，多くの波長を均一にかつ安定に合分波できる**アレー導波路格子**（**AWG**: arrayed waveguide grating）形の石英平面光回路が優れている．図 8.10 に，AWG 光合分波器の回路図を示す．これは，シリコン基板上にク

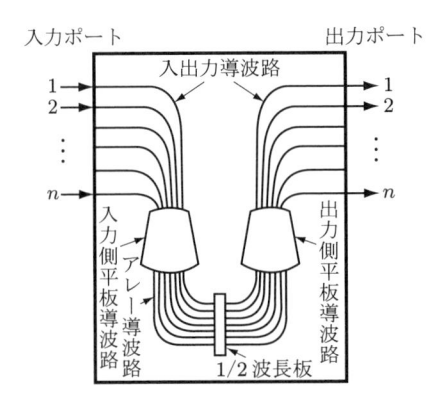

図 8.10 AWG 形光合分波器

ラッド層とコア層の石英ガラス膜を堆積し，回路パターンに沿ってエッチング後，再度クラッド層を堆積することにより作製される．

AWG 光合分波器は，入力側平板導波路，アレー導波路，出力側平板導波路などにより構成される．動作原理はつぎのとおりである．入力側平板導波路で分散されてアレー導波路に入力する光パワーは，アレー導波路では各導波路の長さが異なるため，行路長の差による位相差が付加される．出力側平板導波路にて位相差に応じた場所で光は結像するが，波長ごとに結像する場所が異なるため分波される結果となる．

この AWG が波長多重用光合分波器として優れている点に，波長周回性がある．その様子を，図 8.11 に示す．各入力ポートの波長は，波長ごとに周回して異なる出力ポートに出力される．このため，異なる入力ポートから入力される同じ波長の光が，出力ポートで混在することはない．また，入出力ポートと波長がマトリックス状に決められるので，波長割り当てが自由にできる．

この利点を**波長可変変換器**（**TWC**: tunable wavelength converters）と組み合わせると，光スイッチが実現される．図 8.12 は，AWG と TWC による光スイッチの構成を示す．入線における波長を TWC により変換すると，出線を切り換えることができる．これは，$n \times n$ の非閉塞スイッチに相当する．機械的な駆動部分がなく，波長変換の速度がスイッチング速度となる．したがって，高速光スイッチが実現できる可能性がある．ただし，利用形態によっては，出線側にて再度波長変換をする必要があり，必要な部品点数は多くなる．

スイッチの分類からみると，表 1.1 に示す周波数分割スイッチであり，光の場合は**波長スイッチ**（wavelength switches）という．

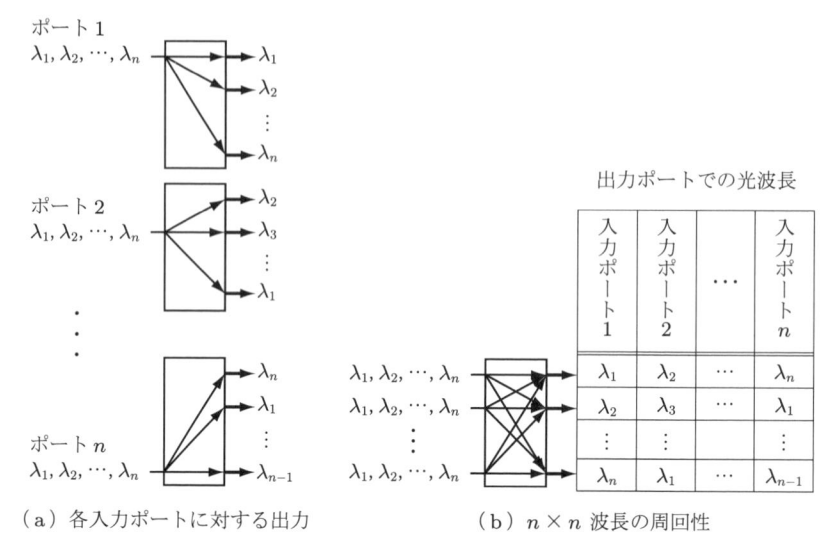

図 8.11 AWG における波長周回性

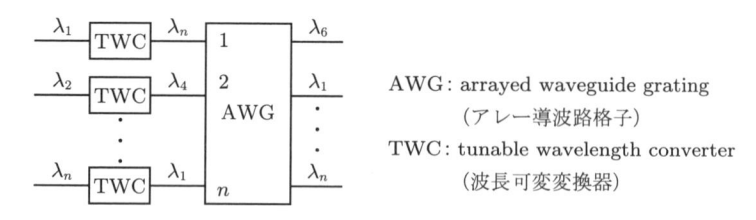

図 8.12 AWG と TWC による波長スイッチ

8.3.3 光分岐回路

　光分岐回路は，光スプリッター（optical splitters）ともいい，光パワーを単に等分に分割する光部品である．図 8.13 に，光導波路を用いた光分岐回路を示す．図 (a) は 2 分岐回路であり，光パワーを 1/2 ずつに分割する．したがって，矢印の方向に光が進むと，少なくとも 3 dB の損失をともなう．

　逆方向から光が進む場合，2 方向からの光を結合するので，**光結合器**（optical couplers または combiners）とよぶこともある．重要な点は，逆方向から進む場合においても，2 分岐回路と同様に少なくとも 3 dB の分割損が生じることである．たとえば，図 (b) の 6 分岐回路を光結合器として利用する場合，少なくとも光パワーは 1/6（約 8 dB の損失）に減少する．これらの受動素子は，可逆的な特性を示すからである．

　もともと光分岐回路は，光損失の発生しやすい構造であり，AWG と比較して分割

(a) 2分岐　　　　　　　　　(b) 6分岐

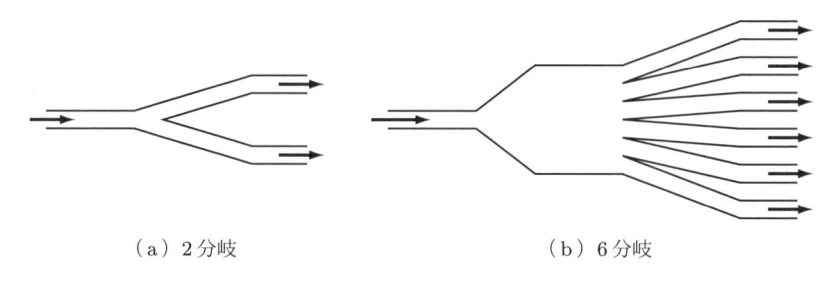

図 8.13　光分岐回路（光スプリッター）

損以外での損失は大きい．しかしながら，AWG などの合分波器と異なり，分割比は波長に依存せず，波長に対して一定を保つ．製造は比較的簡単で，半導体基板上で作成できる．したがって，このような利点を生かした利用がなされている．

8.3.4　光スイッチ

現在までに光スイッチとしてさまざまなものが開発されているが，光パケット交換機のスイッチ回路で用いるとすると，ns 以下のスイッチング速度が必要である．この仕様を満足するものは，電気光学効果に基づく $LiNbO_3$ 方向性結合器形スイッチか，半導体光増幅器形スイッチの二つとなる．

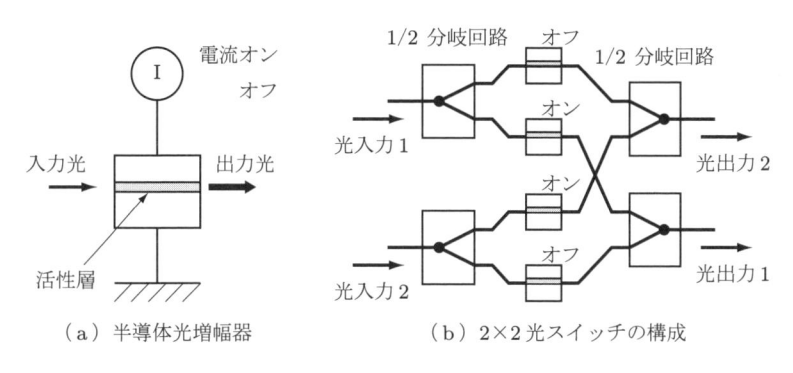

半導体光増幅器（**SOA**: semiconductor optical amplifiers）を利用した 2×2 光スイッチの構成を，図 8.14 に示す．原理は，図 (a) に示すように，電流オフの場合には光吸収により光出力がないが，電流オンのとき増幅された光出力が得られることを利用している．図 (b) のように，2 分岐回路により分割した光を，オンまたはオフの増幅器に通し，再度 2 分岐回路で合波する．2 個の 2 分岐回路を通すことによる光損失

(a) 半導体光増幅器　　　　　　(b) 2×2 光スイッチの構成

図 8.14　2×2 半導体光増幅器形光スイッチ

は光増幅によりカバーされる．この方式には，集積化が可能であること，スイッチ応答を高速化できることなどの利点がある．

8.3.5 光波長変換器

光パケット交換機で用いる光波長変換器とは，図 8.15 に示すように，光信号情報を保持したままで波長のみを変換する装置である．したがって，入力光信号が 40 Gbps の速度である場合には，その速度で変換を行うことが条件である．変換できる波長範囲，波長安定性，変換効率などにおいて現在十分なものはなく，研究開発段階である．提案されているものの多くは，光スイッチで説明した半導体光増幅器を用いるものである．電流駆動によりオン・オフが高速に切り換えられること，電流や光パワーにより屈折率を変化できることなどが，利用される理由である．

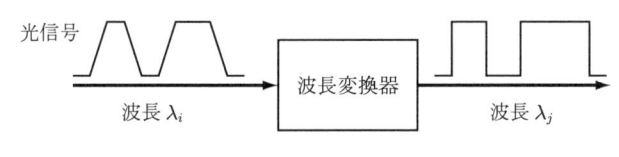

図 8.15 光波長変換器

半導体光増幅器における**交差利得変調**（**XGM**: cross gain modulation）を用いた波長変換を，図 8.16 に示す．半導体光増幅器には，しきい値を越えた光パワーが入射すると，光パワーは飽和して利得が下がる現象がある．この現象を利用する．波長 λ_1 の信号光を，変換したい波長（図では λ_2）の連続光とともに半導体光増幅器に挿入すると，信号光のパワーの存在により変換光における増幅利得は減少し，信号光のパターンが変換光に逆転写される．この方法は，オン・オフの消光比が十分とれないことと，逆転写であることが欠点とされている．

図 8.17 に，マッハ - ツェンダー干渉（Mach-Zehnder interference）現象を利用し

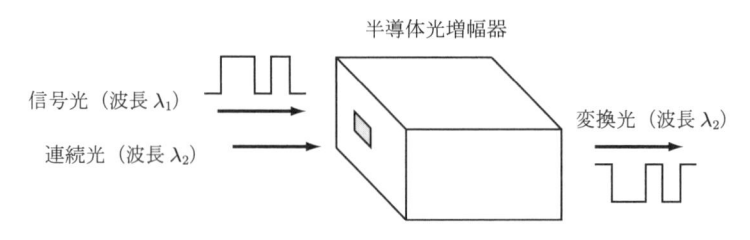

図 8.16 半導体光増幅器における交差利得変調（XGM）

た交差位相変調（**XPM**: cross phase modulation）による方法を示す．波長 λ_1 の信号光がないと，変換したい波長 λ_2 の連続光は，マッハ-ツェンダー干渉により図の中央にある出口から出力される．一方の SOA に信号光を入力すると，信号光パワーにより SOA の屈折率が変化して干渉パターンが変化する．その結果，信号光パターンが転写された変換光が，下段の出口より出力される．この方法は消光比が高く，高速化が可能である．

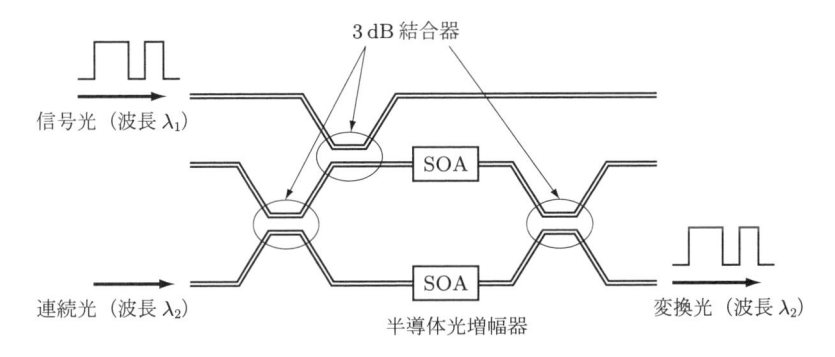

図 **8.17** マッハ-ツェンダー干渉による交差位相変調（XPM）

XGM も XPM もともに，変換する波長の連続光が必要である．さらに任意の波長に変換することを考慮すると，可変波長レーザが必要である．これにはバイアス電流により波長を変化できる**分布ブラッグ反射型**（**DBR**: distributed Brag reflection）半導体レーザなどが研究されているが，可変にできる波長範囲が狭いことなどが課題となっている．

8.4 光パケット交換機

現在までに数多くの研究機関によって，光パケット交換機の実験試作が行われた．その中で，とくに 20 世紀末に行われた二つのプロジェクトの内容を紹介する．当時としてはきわめて野心的な実験で，交換機そのものに対する評価結果と利用した光デバイスの性能を発表している．これらの内容は，その後におけるこの分野の研究開発に明確な指針を与えた．

8.4.1 KEOPS デザイン

欧州先進通信技術とサービス（**ACTS**: the European Advanced Communication Technology and Service）「光パケット交換機への鍵」（**KEOPS**: KEys to Optical Packet Switching）プロジェクトは，欧州の通信事業会社，メーカ，大学などの研究者からなり，1995 年より始まった．その目的は，全光ネットワークを想定し，光ビット信号のままで処理する光パケット交換機の構成方法を研究すること，および開発した光部品を用いて実験試作し，その実現性の検証を行うことにあった．

このプロジェクトでは，二つの構成が提案・検証されているが，そのうち**分配・選択形**（broadcast and select）光パケット交換機の構成を，図 8.18 に示す．8.2 節で述べた同期形パケット交換機を想定しており，光パケットは同期したタイムスロットに格納された状態で到着する．構成は，波長変換部，光ファイバ遅延線バッファ部，および波長選択部の三つの区間よりなる．

最初の波長変換部で，到着光パケットは，内部転送における混信を避けるためすべて波長変換され，合波される．つぎの区間で，すべての波長は分配されて，0 から B パケット分までの遅延を受ける．したがって，各波長で $B+1$ 個のコピーが，$B+1$ 個

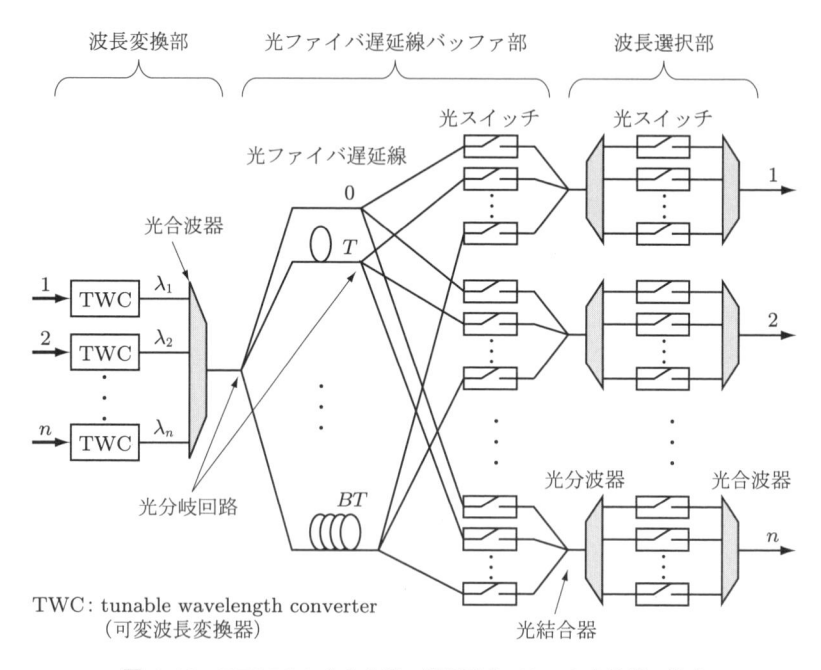

図 8.18 KEOPS による分配・選択形光パケット交換機の構成

のタイムスロットに並べられることになる．図に示す T は，1 タイムスロット分の遅延を生じる光ファイバ長を示す．後段の光スイッチにより，転送するタイムスロットを選択する．最後の波長選択部では，タイムスロットごとに転送する波長を選択する．

パケット交換機としての分類では，出力待ち行列の共有媒体形となる．波長変換部で多重化し，光ファイバ遅延線バッファ部で分配，波長選択部で出力選択をしているからである．非閉塞であるので，伝送速度と同じスループットを実現できるが，$B+1$ 個のバッファしかないため，これ以上蓄積できないパケットは廃棄される．

分配・選択形構成では制御対象は光スイッチのみで，制御アルゴリズムが簡単である，マルチキャスト対応が容易である，などの利点がある．一方，光分岐・結合における光損失が大きく，その損失を補うため SOA で増幅すると光雑音の重畳が無視できなくなるという欠点がある．

KEOPS による実験は，16×16 のスイッチ構成で，伝送速度 2.5 と 10 Gbps で行われた．信号誤り率からは，16 回線ともに性能劣化もなく良好な結果を得たことが報告されている．

8.4.2 WASPNET デザイン

波長スイッチ形パケットネットワーク（**WASPNET**: the Wavelength Switched Packet Network）プロジェクトは，英国の三つの大学での共同研究として行われた．その目的は，光ネットワークはどのような形で今後発展していくのかという長いスパンでの知見を得ることにある．実験試作の光パケット交換機の構成を，図 8.19 に示す．KEOPS プロジェクトと同様に，同期形構成としている．

波長多重された光信号は，図 (a) に示すように，まず各波長に分波され，同じ波長の光信号は 1 面に集められる．したがって，m 多重伝送であると，交換機は m 面構成となる．1 面構成での内容を，図 (b) に示す．n ポートの入出力，$4n$ 個の可変波長変換器，$2n \times 2n$ と $n \times n$ の波長スイッチ各 1 個，および n 本の周回ループと光ファイバ遅延線回路の組から構成される．入力光信号の波長は同じであるが，出力波長は同じであるとは限らない．したがって，m 面の出線からの合波には，光結合器が使用される．波長衝突を回避することは，制御部の役目である．

周回ループにある個々の光ファイバ遅延線回路は特定の出力ポートに占有されるわけではなく，すべての出力ポートに共有されるので，この構成は共有バッファ形 (shared buffed) である．すなわち，出力待ち行列形に分類される．光ファイバ遅延線回路では，可変波長変換器により遅延量の選択ができる．また，周回回数を選択できるので，

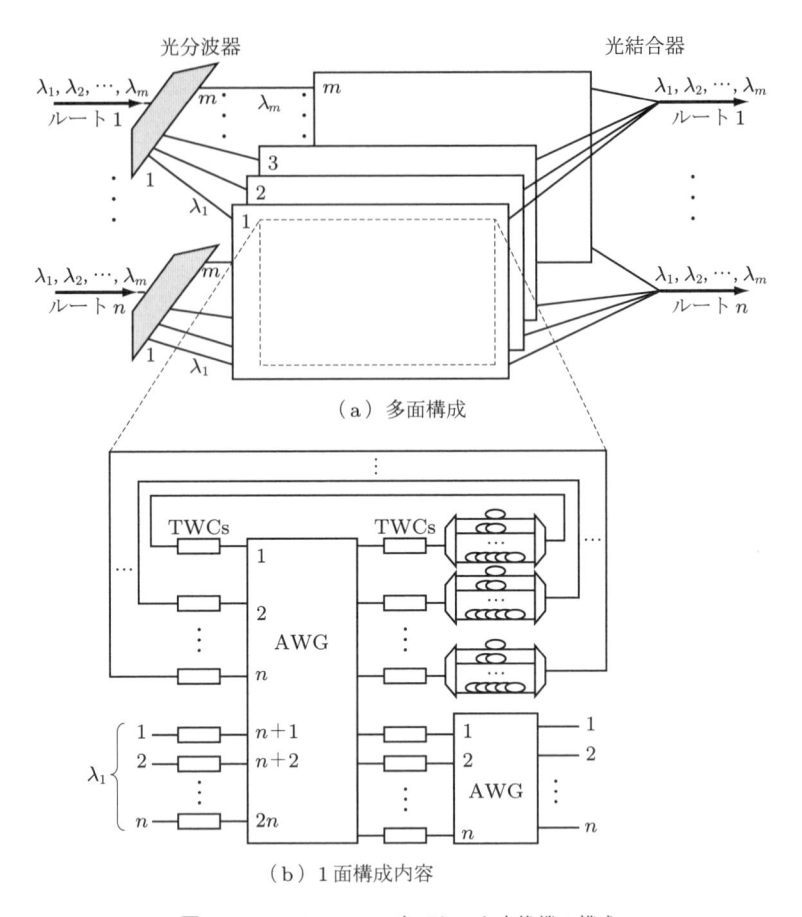

図 8.19 WASPNET 光パケット交換機の構成

優先制御を行うことが可能である．

　各入力パケットは，波長変換されたあと，1 段目波長スイッチで 2 段目スイッチに転送されるか，または周回ループにて蓄積されるか，の選択をされる．これは，出線での衝突状況より，制御部が変換する波長を指定することによって制御する．2 段目波長スイッチでは，ルート選択を行う．

　交換機は，光損失を生じる部品が少なく大型化が容易である，QoS 制御ができるなどの利点がある．一方，制御アルゴリズムが複雑となる，マルチキャスト対応ではないなどの欠点がある．

　また，WASPNET プロジェクトでは，光波長多重ネットワークに関して，**分散波長光パス**（**SCWP**: scattered wavelength paths）という概念を提唱している．ノード

間の光伝送路において，個々の波長を光パスと対応させるのではなく，単に波長数分のリンクがあるとして，自由にノード間で利用するというやり方である．このことにより，伝送路の利用効率を向上できる．交換機における出力波長の扱いは，この考えに基づいている．

8.4.3 非同期可変長光パケット交換機への取り組み

光パケット交換機の性能を評価するための項目は，①スループット，②パケット損失率（廃棄率ともいう），および③平均遅延時間である．スループットとは，単位時間あたりの転送可能なパケット数のことであるので，入力ポート数と伝送速度が決められると，パケット損失率と同じ内容となる．廃棄されずに転送されるパケット数が，スループットとなるからである．光パケット交換機における遅延時間は，光ファイバ遅延線での通過時間がそのほとんどを占めるため，せいぜい1パケット程度の平均蓄積時間となり，問題ではない．結局，パケット損失率が唯一の評価尺度となる．

KEOPS デザインや WASPNET デザインは，同期形構成である．非同期可変長光パケットを扱う場合と比較して同期形の利点は，①パケット損失が小さく，利用効率がよいこと，②再配置による非閉塞スイッチが利用できること，である．KEOPS デザインでの分配・選択形スイッチや WASPNET デザインで用いた波長スイッチは，もともと厳密な意味での非閉塞であるため，②の利点は生かせない．①の利点が重要であるが，そのため同期形交換機には同期回路が必要となる．

同期回路は，図 8.6 に示すように，光ファイバ遅延線と 2×2 スイッチをシリアルに数段接続したものである．この回路を，各入力ポートに据え付けて制御することは，部品点数と制御対象の部品数から判断すると，コストと制御負荷をきわめて増大させる．むしろ，非同期可変長光パケットを扱うことにコストと制御負荷をかけるほうが，賢明であるように思える．

非同期可変長形光パケット交換機における唯一の欠点はパケット損失が大きいことにあるので，パケット損失を最小化する光ファイバ遅延線の構成と制御アルゴリズムを用意することに研究の精力を傾けるべきである．このようなことにより，現在では非同期可変長形光パケット交換機におけるバッファ構成と制御アルゴリズムに関する研究が，この分野での中心となっている．

8.5 将来への展開

光パケット交換機が利用されるための要求条件は，
(1) 電子処理による IP ルータでの限界を超えるスループットの実現すること
(2) 消費電力を抑制し，運用コストを電子処理 IP ルータより低減させること
(3) 現用 IP ネットワークからの断絶がないシームレスな更改を実現すること

などである．いずれにおいても，達成する道のりは厳しく，長期間にわたる精力的な研究開発が必須である．

ルーチング機能における経路検索とフォワーディング機能におけるヘッダ処理には，論理演算とメモリを必要とする．論理演算とメモリを光技術のみで実現するのは困難であることから，8.2 節での光パケット交換機構成の説明では，これら機能を電子処理に任せている．一方，スイッチングでは光信号のまま処理することで，光技術のよさを生かした構成としている．

しかし，この構成が上記三つの要求条件を満足するための最短の道かということに対しては，当然疑問が生じる．たとえば，IP ルータの全消費電力のうち，ルーチングとフォワーディングの処理が約 30 ％を占めるという報告がある．これらを電子処理のままとすることでは，消費電力の低減は困難となる．消費電力という点では，光パス切り換えのみを行う光回線交換ネットワークのほうが有利である．

各波長の伝送速度 100 Gbps で 1000 波長多重，すなわち 100 Tbps の容量をもつ光ファイバ通信システムの運用は，近い将来実現されるだろう．そうした時代で活躍する光 IP ネットワークがどのような形となるか，明確なシナリオがあるわけではない．光部品でのブレークスルーから制御アルゴリズムにおける斬新な着想まで，今後生まれる研究開発分野でのさまざまな成果が，この形を決めることになるだろう．

章末問題

8.1 光パケット交換機の開発が期待されている理由を二つ挙げよ．
8.2 光バースト交換は，光技術からみると実使用となる可能性が高い技術である．実現しやすいと思われる仕様内容を二つ挙げよ．
8.3 つぎの①〜③の伝送速度において，64 バイトの光パケットを蓄積する光ファイバ遅延線の光ファイバ長を求めよ．

① 100 Mbps ② 1 Gbps ③ 10 Gbps
8.4 図 8.6 に示す同期回路において，1/4 パケット長遅延させる 2×2 スイッチの状態を求めよ．
8.5 図 8.7 に示す同期形光パケット交換機の構成において，遅延バッファの役割を述べよ．
8.6 $n \times n$ の AWG において，波長 λ_i $(i = 1, 2, \cdots, n)$ の光をポート j に入力したとする．出口ポート番号を，法（modulus）を用いて数式で記述せよ．
8.7 ① 8 ポートと② 32 ポートの光結合器における最低損失を求めよ．
8.8 KEOPS デザインと WAPSNET デザイン以外で，実験試作が行われた光パケット交換機プロジェクトを調査し，その動作原理を報告せよ．
8.9 非同期可変長光パケット交換機におけるパケット損失率を低減する研究を調査し，研究結果を報告せよ．

章末問題解答

第 1 章
1.1　45 本
1.2　①–(c), ②–(e), ③–(b), ④–(d), ⑤–(a)
1.3　(1)

付表 1　日本における交換方式導入の歴史

西暦	出来事
1876	米国 A.G. ベルが電話機を発明
1890	東京 - 横浜間にて 220 名の加入者に対して，電話サービスが開始
1923	関東大震災
1930	国産ステップ・バイ・ステップ交換機の開発と導入
1945	第二次世界大戦が終わる
1956	国産クロスバー交換機の導入開始
1972	SPC 方式電子交換機の導入開始
1978	全国自動即時化の達成
1982	ディジタル交換機の導入開始
1988	ISDN 基本インターフェイスサービスの開始
1995	電話ネットワークのディジタル化完成
1995	インターネットが民間に売却され，本格的な普及が始まる

(2)　①新方式交換機の導入は，震災，戦争など設備の破壊が契機となっている．②導入された交換方式の寿命は 20～30 年であるが，年々短くなっている．③自動化，ディジタル化が交換技術の大きな流れで，この順に開発が進められた．など

1.4　①インターネットの誕生　②世界初のパケット交換機の運用開始
1.5　共有媒体形パケット交換
1.6

付表 2　コンピュータネットワークの開発経緯

西暦	出来事
1969	米国国防省の ARPAnet の運用開始
1970	ハワイ大学の ALOHA システムの開発
1974	スタンフォード大学で TCP の発表
1975	米国ゼロックス社がイーサネットを発表
1978	TCP/IP の発表
1980	イーサネットの業界標準 DIX 仕様 1 版の発表
1981	TCP/IP が IETF にて標準化される

1.7 10000 パケット/s
1.8 セルヘッダにあるビット列を，ATM スイッチが認識して，ATM スイッチ自体が自分の切り換えを行う．
1.9 略

第 2 章
2.1, 2.2 略
2.3 加入者回路，集線スイッチ回路網
2.4 (1) 125 本　(2) 75 %
2.5 ① 800000, 20 %　② 40000, 96 %　③ 48000, 95.2 %
2.6 ① 237600　② 76 %
2.7 0.59
2.8 1411.2 kbps
2.9 (1) 略
　　(2) ①格子スイッチはどのような信号形式でもスイッチングが可能であるが，時間スイッチでは時分割多重信号しか対応できない．
　　　②格子スイッチのコストは入線数 n に比例し，n を大きくすることは得策ではないが，時間スイッチのコストは入線数 n に比例せず $\sqrt{n}$ 程度の依存であるので，多重度を大きくすることにより回線あたりのコストを下げることが可能である．
2.10 時分割スイッチはフレームのタイムスロットごとの読出しを実行するが，開閉スイッチでは通話単位での開閉を行う．
2.11 内部閉塞の確率が小さい．

第 3 章
3.1 〔③, ④, ⑦〕ネットワークインターフェイス層，〔①〕インターネット層，〔②, ⑤〕トランスポート層，〔⑥, ⑧〕アプリケーション層
3.2 略
3.3 グローバル AS 番号：64511 個，プライベート AS 番号：1023 個
3.4 (1) 電話番号　(2) SIP URI　(3) IP アドレス
3.5 ① 120 μs　② 12 μs　③ 1.2 μs
3.6 略
3.7 式 (3.1) に $\overline{B} = 1 - a$ を代入して，$a^2 - 4a + 2 = 0$ を得る．
3.8 (1) 書込みと読出しを同時に行う必要があるから　(2) 転送制御アルゴリズムの性能に依存するため　(3) マルチする分の読出しが必要となるため
3.9, 3.10 略
3.11 $N = 2$ のとき，$2^{N-2}N(N+1) = 2 \cdot 3 = 6$ となり，問題 3.10 より非閉塞である．$N = k$ のとき，個数が $2^{k-2}k(k+1)$ であるとすると，$N = k+1$ での個数は次式になる．
$$2 \times 2^{k-2}k(k+1) + 2^k(k+1) = 2^{k-1}(k+1)(k+2)$$

第4章

4.1 ① 2.5 アーラン　② 7.5 分　③ 0.33 [1/分]

4.2 ① 3 アーラン　② 2.4 分　③ 1.25 [1/分]

4.3 ① 1.5 アーラン　② 4.5 分　③ 0.33 [1/分]

4.4 (1) 720　(2) 120　(3) $406/6^6 \fallingdotseq 8.7 \times 10^{-3}$

4.5
$$P_k(t) = \lim_{n\to\infty} \frac{n!}{k!\,(n-k)!} \left(\frac{\lambda t}{n}\right)^k \left(1 - \frac{\lambda t}{n}\right)^{n-k}$$
$$= \lim_{n\to\infty} \frac{(\lambda t)^k}{k!} \frac{n!}{(n-k)!\,n^k} \left(1 - \frac{\lambda t}{n}\right)^n \left(1 - \frac{\lambda t}{n}\right)^{-k}$$
$$= \frac{(\lambda t)^k}{k!} \lim_{n\to\infty} \frac{n}{n} \frac{n-1}{n} \cdots \frac{n-k+1}{n} \left(1 - \frac{\lambda t}{n}\right)^{-k} \left(1 - \frac{\lambda t}{n}\right)^n$$
$$= \frac{(\lambda t)^k}{k!} e^{-\lambda t}$$

4.6
$$\sigma^2 = \sum_{k=0}^{\infty} k^2 P_k(t) - 2\langle k \rangle \sum_{k=0}^{\infty} k P_k(t) + \langle k \rangle^2 = \sum_{k=0}^{\infty} k^2 P_k(t) - \langle k \rangle^2$$
$$= \sum_{k=0}^{\infty} k(k-1) \frac{(\lambda t)^k}{k!} e^{-\lambda t} + \sum_{k=0}^{\infty} k \frac{(\lambda t)^k}{k!} e^{-\lambda t} - \langle k \rangle^2$$
$$= (\lambda t)^2 + \lambda t - \langle k \rangle^2 = \lambda t = \langle k \rangle$$

4.7 式 (4.31) は，式 (4.28) に $s=0$ を代入して自明である．
$$\frac{aE_s(a)}{s+1+aE_s(a)} = \frac{aP_0 \dfrac{a^s}{s!}}{s+1+aP_0 \dfrac{a^r}{s!}} = \frac{a^{s+1}/(s+1)!}{\dfrac{1}{P_0}+\dfrac{a^{s+1}}{(s+1)!}} = E_{s+1}(a)$$

4.8 略

4.9 (1) 18 回線, 0.55　(2) 0.0268, 0.649　(3) 6 回線

第5章

5.1 ① 15 分　② 1 台　③ 6 人

5.2 ① 14 分　② 2.5 台　③ 10 人

5.3 両辺を a で微分して a をかけると，次式となり，式 (5.51) を得る．
$$\sum_{i=1}^{n} i a^i = \frac{a\left(1-a^{n+1}\right)}{(1-a)^2} - \frac{(n+1)a^{n+1}}{1-a} = \frac{a - a^{n+2} - na^{n+1} - a^{n+1} + na^{n+2} + a^{n+2}}{(1-a)^2}$$
$n \to n-1$ とし，両辺を a で微分して a^2 をかけると，式 (5.52) を得る．

5.4 ① 12 分　② 60 分　③ 4.17 人　④ 50 分

5.5
$$P_0 \sum_{r=0}^{s-1} r \frac{a^r}{r!} + P_0 \frac{a^s}{s!} \sum_{r=s}^{K} r \rho^{r-s}$$
$$= P_0 a \left\{ \sum_{r=0}^{s-1} \frac{a^r}{r!} - \frac{a^{s-1}}{(s-1)!} \right\} + P_0 \frac{a^s}{s!} \left\{ \frac{\rho\left(1-\rho^{K-s}\right)}{(1-\rho)^2} - \frac{(K-s)\rho^{K-s+1}}{1-\rho} \right\}$$

$$+ P_0 \frac{a^s}{s!} s \frac{1-\rho^{K-s+1}}{1-\rho}$$

$$= L_q + P_0 a \left\{ \sum_{r=0}^{s-1} \frac{a^r}{r!} + \frac{a^s}{s!} \frac{1-\rho^{K-s}}{1-\rho} \right\}$$

$$= L_q + P_0 a \left\{ \sum_{r=0}^{s-1} \frac{a^r}{r!} + \frac{a^s}{s!} \frac{1-\rho^{K-s+1}}{1-\rho} - \frac{a^r}{s!} \rho^{K-s} \right\} = L_q + a(1-B)$$

5.6 $\dfrac{sE_s(a)}{s-a\{1-E_s(a)\}} = \dfrac{sa^s/s!}{(s-a)\sum_{r=0}^{s}\frac{a^r}{r!} + a\frac{a^s}{s!}} = \dfrac{a^s}{s!} \dfrac{1}{\sum_{r=0}^{s}\frac{a^r}{r!} + \frac{a}{s-a}\frac{a^s}{s!}} \cdot \dfrac{s}{s-a}$

5.7 略

5.8 5 回線以上

5.9 ① 2.4×10^{-4} ② 18 パケット

5.10 (1) ① 0.018, ② 29.0 μs (2) ① 0.018, ② 7.25 μs

第 6 章

6.1 $\langle x^n \rangle = \int_0^\infty x^n e^{-\mu x} \mu dx = \left[-\frac{1}{\mu} x^n e^{-\mu x} \mu \right]_0^\infty + \frac{n}{\mu} \int_0^\infty x^{n-1} e^{-\mu x} \mu dx = \frac{n}{\mu} \langle x^{n-1} \rangle$

6.2 $\displaystyle\sum_{k=0}^\infty k^2 \frac{(\lambda x)^k}{k!} e^{-\lambda x} = \sum_{k=0}^\infty k(k-1) \frac{(\lambda x)^k}{k!} e^{-\lambda x} + \sum_{k=0}^\infty k \frac{(\lambda x)^k}{k!} e^{-\lambda x}$

$$= (\lambda x)^2 \sum_{k=2}^\infty \frac{(\lambda x)^{k-2}}{(k-2)!} e^{-\lambda x} + \lambda x \sum_{k=1}^\infty \frac{(\lambda x)^{k-1}}{(k-1)!} e^{-\lambda x} = (\lambda x)^2 + \lambda x$$

6.3 約 1.6 ms

6.4 $i = k$ で式 (6.53) が成立するとする．式 (6.50) より

$$\left(1 - \sum_{j=1}^k a_j\right) W_{q,k} = \frac{\overline{R}}{1-a_1-a_2-\cdots-a_{k-1}} = \overline{R} + \sum_{j=1}^{k-1} a_j W_{q,j}$$

となるので，$i = k+1$ では，式 (6.50), (6.53) を用いると次式を得る．

$$\left(1 - \sum_{j=1}^{k+1} a_j\right) W_{q,k+1}$$

$$= \overline{R} + \sum_{j=1}^k a_j W_{q,j} = \overline{R} + \sum_{j=1}^{k-1} a_j W_{q,j} + a_k W_{q,k}$$

$$= \frac{\overline{R}}{1-a_1-\cdots-a_{k-1}} + \frac{a_k \overline{R}}{(1-a_1-\cdots-a_{k-1})(1-a_1-\cdots-a_k)}$$

$$= \frac{\overline{R}}{1-a_1-\cdots-a_k}$$

6.5 (1) ① 253 µs　② 337 µs
　　(2) ① 42.1 µs, 62.1 µs　② 263 µs, 363 µs
6.6

付表 3　負荷に対する平均待ち行列長

a	$L_{q,1}$	$L_{q,2}$	$L_{q,3}$
0.60	0.08	0.13	0.25
0.70	0.11	0.20	0.51
0.80	0.15	0.31	1.14
0.90	0.19	0.48	3.38
0.95	0.22	0.60	8.20
0.97	0.23	0.66	14.79

6.7 ① 0.417 µs, 20.4 µs　② 263 µs, 367 µs

第 7 章

7.1 $Y = \ln \ln \dfrac{1}{1 - F(t)},\ X = \ln t,\ B = m \ln \eta$

7.2 87.0 %

7.3 ① 1250 時間　② 8×10^{-4} [1/時間]

7.4 0.264

7.5 ① $200\,FIT$　② 5×10^6

7.6 (a) 0.988　(b) 0.890

7.7 ① $2R^3 - R^6,\ (2R - R^2)^3$　② $6R^2(1-R)^2,\ R_E > R_S$

7.8 ① $F_{BC}\{1 - [1 - (1 - F_{AB})(1 - F_{BD})][1 - (1 - F_{AC})(1 - F_{CD})]\}$
　　　$+ (1 - F_{BC})[1 - (1 - F_{AB}F_{AC})(1 - F_{BD}F_{CD})]$
　　② $2F^2$

第 8 章

8.1 略

8.2 ①制御用光パケットからのオフセット時間があり，スイッチング時間に余裕がある．
　　②いったん切り換え接続が行われれば，情報バーストが通過する間はその接続を保持すればよい．

8.3 ① 1024 m　② 102.4 m　③ 10.24 m

8.4 1 段～3 段：クロス，4 段～n 段：バー，$n + 1$ 段：クロス

8.6 $(i + j - 1)\ \mathrm{mod}\ n$

8.7 ① 9 dB　② 15 dB

8.8, 8.9 略

参考文献

第 1~2 章

(1) C. Clos: "A Study of Non-Blochking Switching Networks," BSTJ, Vol. 32, No. 3, pp. 406–424 (1953)
(2) 斎木秀夫：「電話交換機入門」，オーム社 (1964)
(3) 愛澤慎一：「やさしいディジタル交換」，電気通信協会 (1983)
(4) 秋山稔，五嶋一彦，島崎誠彦：「ディジタル電話交換」，産業図書 (1986)
(5) 秋丸春夫，池田博昌：「現代交換システム工学」，オーム社 (1989)
(6) 秋山稔：「情報通信網の基礎」，丸善 (1997)
(7) 秋山稔：「情報交換システム」，丸善 (1998)
(8) 池田博昌：「情報交換工学」，朝倉書店 (2000)
(9) 村上泰司：「ネットワーク工学」，森北出版 (2004)
(10) ITU-T 勧告 Y.2001: "Next Generation Networks-Frameworks and functional architecture models" (2004)
(11) 石川宏，和泉俊勝，大宮知己：「やさしい次世代ネットワーク技術」，電気通信協会 (2006)
(12) 村上泰司：「これから学ぶ情報通信ネットワーク」，森北出版 (2007)

第 3 章

(1) M. G. Hluchyj and M. J. Karol: "Queueing in high-performance packet switching," IEEE J. Selected Areas in Communicaions, Vol. 6, No. 9, pp. 1587–1597 (1988)
(2) J. Aweya: "IP router architecture: An overview" (1999)
(3) S-T. Chung, A. Goel, N. McKeown, and B. Prabhakar: "Matching output queueing with a combined input output queued switch," IEEE J. Selected Areas in Communicaions, Vol. 6, No. 17, pp. 1030–1039 (1999)
(4) F. Brodersen and A. Klimetschek: "Anatomy of a high performance IP router," Communication Networks Seminar 2003/4, Jan. (2004)
(5) 村上泰司：「ネットワーク工学」，森北出版 (2004)
(6) R. Giladi: "Network processors," Morgan Kaufmann (2008)

第 4~6 章

(1) 森村英典，大前義次：「応用待ち行列理論」，日科技連 (1975)
(2) L. Kleinrock 著，手塚慶一他訳：「待ち行列システム理論（上）・（下）」，マグロウヒル好

学社 (1979)
(3) 日本電信電話株式会社・鈴鹿電気通信学園：「やさしいトラヒック理論の基礎」，オーム社 (1987)
(4) A.O. Allen: "Probability, Statistics, and Queueing Theory with Computer Science Applications — Second Edition," Academic Press (1990)
(5) 秋丸春夫，川島幸之助：「［改訂版］情報通信トラヒック：基礎と応用」，電気通信協会 (2000)
(6) 大石進一：「待ち行列理論」，コロナ社 (2003)
(7) Ng Chee-Hock and S. Boon-Hee: "Queueing Modelling Fundamentals with Applications in Communication Networks — Second Edition," John Wiley & Sons (2008)

第 7 章
(1) 菅野文友：「電子情報通信学会 大学シリーズ J-3 - 信頼性工学」，コロナ社 (1980)
(2) 真壁肇編：「改訂版：信頼性工学入門」，日本規格協会 (1996)
(3) 「JIS ハンドブック：品質管理」，日本規格協会 (2006)

第 8 章
(1) P. Gambili et al: "Transparent Optical Packet Switching: Network Architecture and Demonstrators in the KEOPS Project," IEEE J. of Selected Area in Commun., Vol. 16, No. 7, pp. 1245–1259 (1998)
(2) D. K. Hunter et al: "WASPNET: A Wavelength Switched Packet Network," IEEE Commun. Mag., Vol. 37, No. 3, pp. 120–129 (1999)
(3) 村上泰司：「入門光ファイバ通信工学」，コロナ社 (2003)
(4) R. S. Tucker et al: "Evolution of WDM Optical IP Networks: A Cost and Energy Perspective," IEEE J. of Lightwave Tech., Vol. 27, No. 3, pp. 243–252 (2009)
(5) T. E. Stern, G. Ellinas, and K. Bala: "Multiwavelength Optical Networks: 2nd edition," Cambridge Univ. Press (2009)

索引

英数字

2段リンク接続回路網　30
3段リンク接続回路網　31
10BASE-T　14
A/D 変換　37
ALOHA システム　11
ANI　20
ARP　45
ARPAnet　11
AS　53
AS 番号　53
BGP　53
B-ISDN　14
BORSCHT　27
BORSCHT 機能　27
B 式　93
CCITT　14
Clos 回路網　34
CSMA/CD　11
D/A 変換　37
DBR　171
DHCP　46
DNS　46
FCFS　88
FIFO　88
FIT　148
G.711　38
GC　23
HTTP　46
IC　24
ICMP　45
IETF　12
IP　45
IPv4　47
IPv6　49
IP データグラム　46
IP 電話アダプタ　53
ISDN　10
ISP　51
ITU-T　14, 18
LAN　11
LCFS　88
LIFO　88
MAC　12
M/D/1 システム　132
M/M/1　104
M/M/1 システム　132
m/n 冗長　150
MTBF　146
MTTF　144
MTTR　146
NAT　52
NNI　20
No.1 ESS　8
n 次のモーメント　122
OSI 参照モデル　45
OXC　158
PASTA の関係　93
PCM24 方式　9
QoS　133
RARP　45
RIP　52
ROADM　158

RTCP　54
RTP　54, 58
SCWP　174
SDP　54
SEP　24
SIP　46
SIP URI　55
SIP サーバ　54
SIRO　88
SMTP　46
SOA　169
SP　24
SPC　7
STP　24
SZC　24
S-スイッチ　41
TCP　11, 45
TCP/IP　12
TCP セグメント　46
TWC　167
T-スイッチ　41
UDP　46
UNI　20
VCI　15
VoIP ゲートウェイ　53
VPI　15
X.25　44
XGM　170
XPM　171
Y.2001　18
Y.2012　18
ZC　23

あ　行

アイテム　142
アクセスノード　24
アクセスルータ　52
アナログ交換機　8
アプリケーション層　46
アベイラビリティ　146
アーラン　78
アーラン C 式　110
アーランの損失式　93
アレー導波路格子　166
イーサネット　11
インターネット　11
インターネット層　45
インターフェイス ID　51
エッジノード　24
エッジルータ　51
エルゴード性　80
オクテット　38
遅いパス　60
遅い光　162
音声転送機能　53

か　行

回　線　4
回線使用率　95
回転ダイヤル式電話機　5
開閉形スイッチ　6
確率過程　80, 83
確率重量関数　82
確率分布関数　82
確率変数　80
確率密度関数　81
仮想出力待ち行列形　68
仮想チャネル番号　15
仮想パス番号　15
稼働率　146
加入者回路　27
加入者交換機　2, 22

索 引 **187**

加入者線　22
カプセル化　46
可変長パケット　3
完全線群　88
ガンマ関数　145
基幹回線　23
基本参照モデル　45
客　77
狭帯域 ISDN　10
共通制御系　27
共通制御方式　7
共通線信号方式　24
共通線信号網　24
行列の先頭閉塞　63
空間スイッチ　37
偶発故障期間　145
グローバル AS 番号　72
グローバル・ルーチング・プレフィックス　51
群　局　23
経　路　35
経路選択の自由度　35
経路表　52
ケンドールの記号　87
県内中継局　24
厳密な意味での非閉塞　30
呼　77
コアノード　24
コアルータ　51
更　改　16
交差位相変調　171
交差利得変調　170
格子スイッチ　28
広帯域 ISDN　14
故障間隔　146
故障分布関数　143

故障密度関数　144
故障率　143
故障率関数　144
呼数密度　78
呼制御プロトコル　53
コーダ　37
コーデック　37
固有稼働率　147
呼　量　77

さ 行

再生理論　126
再配置による非閉塞　30
サービス時間　77
サービスストラタム　19
サービス統合ディジタルネットワーク　10
サブネット　49
サブネット ID　51
残余サービス時間　125
時間スイッチ　37
時間輻輳率　92
自己ルーチング　15
システム並列冗長系　151
時分割ゲート　40
集線スイッチ回路網　27
修復時間　146
修理系　146
出生死滅過程　90
出　線　29
出力ハイウェイ　39
出力待ち行列形　62
手動交換機　2
上昇回転スイッチ　4
冗長性　150
情報分析装置　28

初期故障期間　145
信号局　24
信号送受装置　28
信号端局　24
信号中継局　24
信頼度　143
信頼度関数　143
スイッチ駆動回路　27
ストラタム　18
ストロジャー方式　4
スループット　13
生起　77
接点　29
セル　4, 15
全国自動即時化　4
即時式　89
損失呼　92
損失率　107

た 行

大群化効果　95
待時式　89
タイムスロット　38
タイムスロット順序変換装置　39
ダイヤルパルス　5
多重リンク構成　31
単独制御方式　7
蓄積プログラム制御方式　7
着呼電話　2
中央制御装置　28
中継回線　23
中継局　23
中継交換機　2, 22
直列系　149
通話メモリ　39
通話路系　27

ディジタル交換機　9
定常状態　80
デコーダ　37
転送ストラタム　19
到着　77
特別中継局　24
ドットつき10進数表示　49
トラヒック　75
トラヒック強度　77
トランスポート層　46

な 行

内部閉塞　30
入出力待ち行列結合形　68
入線　29
入力ハイウェイ　39
入力待ち行列形　62
ネットワークインターフェイス層　45

は 行

廃棄率　107
バスタブ曲線　145
波長可変変換器　167
波長スイッチ　167
発呼電話　2
バッチャ－バンヤンスイッチ　70
ハブ　14
速いパス　60
半導体光増幅器　169
バンヤンスイッチ　70
光結合器　168
光合波器　166
光スプリッター　168
光同期回路　163
光バースト交換　159
光ファイバ遅延線　162

光フリップ・フロップ　162
光分波器　166
非修理系　146
非閉塞スイッチ　30
標本化　37
標本化周波数　37
標本化定理　38
広い意味での非閉塞　30
非割り込み形システム　133
フォワーディング　12, 53
輻輳　30, 88
輻輳確率　109
符号化　38
不信頼度関数　143
プライベート AS 番号　72
ブリッジネットワーク　153
フレーム　38, 46
ブロック図　149
ブロードバンドルータ　52
分散波長光パス　174
分配スイッチ回路網　27
分配・選択形　172
分布ブラッグ反射型　171
平均故障間隔　146
平均故障寿命　144
平均サービス率　87
平均システム時間　100
平均システム内客数　99
平均修復時間　146
平均到着率　85
平均保留時間　78
平均待ち行列時間　100

平衡状態　80
閉塞　30
閉塞スイッチ　30
並列系　149
並列冗長　150
ベネススイッチ　71
ポアソン過程　85
ポアソン生起　85
ポアソン分布　85
保留時間　77

ま 行

待ち率　109
磨耗故障期間　146
マルコフモデル　83
無記憶性　83

や 行

要素並列冗長系　151

ら 行

ラインカード　12
ランダム過程　83
粒度　166
量子化　38
利用率　108
累積分布関数　82
ルーチング　12, 52

わ 行

ワイブル分布　144
割り込み形システム　134

著 者 略 歴
村上　泰司（むらかみ・やすじ）
- 1975 年　京都大学大学院修士課程修了（電子工学科）
- 1975 年　日本電信電話公社（現 日本電信電話株式会社）勤務
- 1984 年　工学博士（京都大学）
- 2000 年　大阪電気通信大学教授
- 2018 年　大阪電気通信大学名誉教授
　　　　　現在に至る

わかりやすい情報交換工学　　　　　　　　　　　Ⓒ 村上泰司　2009

2009 年 11 月 27 日　第 1 版第 1 刷発行　【本書の無断転載を禁ず】
2020 年 9 月 10 日　第 1 版第 2 刷発行

著　者　村上泰司
発 行 者　森北博巳
発 行 所　森北出版株式会社
　　　　　東京都千代田区富士見 1-4-11（〒102-0071）
　　　　　電話 03-3265-8341／FAX 03-3264-8709
　　　　　https://www.morikita.co.jp/
　　　　　日本書籍出版協会・自然科学書協会・工学書協会　会員
　　　　　JCOPY ＜(一社)出版者著作権管理機構　委託出版物＞

落丁・乱丁本はお取替えいたします　　印刷／モリモト・製本／ブックアート
　　　　　　　　　　　　　　　　　　組版／ウルス

Printed in Japan／ISBN978-4-627-78471-0

MEMO